Mario Ludwig

Mein Leben als Dosenöffner

Mario Ludwig

Mein Leben als Dosenöffner

Aus dem Alltag eines Katzenbesitzers

wbg THEISS

Die Deutsche Nationalbibliothek verzeichnet diese Publikation in der Deutschen Nationalbibliografie; detaillierte bibliografische Daten sind im Internet über http://dnb.d-nb.de abrufbar.

Der wbgTHEISS Verlag ist ein Imprint der wbg.

Die Herausgabe des Werkes wurde durch die Vereinsmitglieder der wbg ermöglicht.
Einbandgestaltung: Peter Lohse, Heppenheim
Layout, Satz und Prepress: Vogelsang Design, Jens Vogelsang, Aachen
Illustrationen von Monika Steidl
Gedruckt auf säurefreiem und alterungsbeständigem Papier
Printed in Germany

Besuchen Sie uns im Internet: www.wbg-wissenverbindet.de

ISBN 978-3-8062-3767-2

Elektronisch sind folgende Ausgaben erhältlich:
eBook (PDF): ISBN 978-3-8062-3768-9
eBook (epub): ISBN 978-3-8062-3769-6

Inhalt

Wie ich auf die Katze kam

»Auf leisen Pfoten kommen Katzen wie Boten der Stille, und sacht, ganz sacht, schleichen sie in unser Herz und besetzen es für immer mit aller Macht.«

Daniel Defoe

Früher war alles anders. Nicht besser, wie so gern behauptet wird, aber anders. Früher war ich ein *„Hundemensch"*. Obwohl selbst hundelos, besaß ich eine geheime, geradezu magische Anziehungskraft auf Hunde. Egal wo ich mich befand, wenn ein Hund in der Nähe war, kam er freudig mit dem Schwanz wedelnd auf mich zu. Er schnüffelte kurz an meinem Hosenbein, um dann meine Hand zu lecken und seinen Kopf an irgendeiner mehr oder weniger genehmen Stelle meines Körpers zu reiben. Als Student war ich im Urlaub oft auf griechischen Inseln. Saß ich dort in einem kleinen Küstenort, in einem Kafenion bei einem gemütlichen Mokka, hatte ich innerhalb kürzester Zeit, zur Belustigung der Dorfbewohner, sämtliche Dorfhunde um mich herum. Dorfhunde, die mich offensichtlich ziemlich mochten und manchmal sogar damit begannen, gewisse Ansprüche auf meine Person zu erheben. Und das alles ohne mein Zutun – und auch ohne einen einzigen Hundekuchen oder Wurstzipfel in der Hosentasche zu haben. Ich war so eine Art unfreiwilliger passiver Hundeversteher.

Nach so viel mir entgegengebrachter Hundeliebe war es klar, dass in mir, um es vorsichtig zu formulieren, der starke Wunsch reifte, auch einmal einen *„eigenen"* Hund zu besitzen. Es sollte ein großer sein, ein richtig großer: ein Rhodesian Ridgeback, ein Neufundländer oder ein Bernhardiner. Einer, der locker zehn Kilometer mit mir joggen kann und anschließend noch, ohne nur ein bisschen aus der Puste gekommen zu sein, einem etwaigen Einbrecher das Fürchten lehrt. Intelligent, pflegeleicht und schmusig sollte er auch noch sein. Sozusagen ein *„Super-Multifunktions-Hund"*.

Meine Frau Katharina hätte es dagegen lieber drei Nummern kleiner gehabt. Jetzt nicht gerade ein Rehpinscher oder ein früher so gern als *„Nuttenhund"* übel beleumdeter Chihuahua. Nein, ein Rauhaardackel sollte es sein. Aber wir konnten uns nicht wirklich einigen. Es war ja noch zu klären, wer geht morgens mit dem Hund raus, wer nimmt ihn mit in den Job? Und was machen wir in den Ferien? Also beschlossen wir, das Projekt *„Hund"* vorläufig ad acta zu legen. *„Das war auch gut so"*, um mit den bekannten Worten eines noch bekannteren ehemaligen Regierenden Bürgermeisters von Berlin zu sprechen. Denn kurz darauf sind wir auf die Katze gekommen – und verloren unser Herz für immer.

Als wir 1999 von Heidelberg nach Karlsruhe zogen, trafen wir das erste Mal in unserem Leben bewusst auf eine Katze: Milva, eine, wie könnte es anders sein, rothaarige Schönheit, die Katze des Vorbesitzers unserer Wohnung. Der war zwar samt Milva nach dem Verkauf der Wohnung in die unmittelbare Nachbarschaft gezogen, aber irgendwie hatte das Milva nicht mitgekriegt und erhob noch Ansprüche auf ihr altes Zuhause. Und wie sie das machte: Sie stand, eine Katzenklappe machte es möglich, schon an unserem ersten Abend, quasi wie aus dem Nichts, in unserer Küche und forderte lautstark miauend ihr Abendessen ein.

Wir hatten die Katzenklappe zwar bereits vorher registriert, aber eher als unschöne Verschandelung unserer Wohnungstür wahrgenommen. Von da an kam Milva regelmäßig morgens und abends auf Stippvisite oder sollte ich lieber sagen zu einem Kontrollgang bei uns vorbei. Und so allmählich begannen wir, uns vorsichtig an das uns unbekannte Phänomen Katze heranzutasten. Wir machten die Erfahrung, die acht Millionen Katzenbesitzer in Deutschland und Hunderte von Millionen Katzenbesitzer auf der ganzen Welt schon vor uns gemacht hatten: Katzen sind wahre Zaubertiere. Auf der einen Seite stolz und unnahbar, auf der anderen Seite zärtlich und verschmust. Freiheitsliebend und doch anhänglich. Und dann ist da noch diese einmalige Eigenschaft, dass sie sich von *„ihrem"* Menschen keineswegs erziehen lassen, sondern im Gegenteil ihren *„Dosenöffner"* schon nach wenigen Wochen locker um den Finger wickeln. Das Unglaubliche: Der auf subtile Art domestizierte nützliche Idiot genießt das auch noch.

Wir hatten zum Beispiel bereits am zweiten Tag Futter für Milva eingekauft. Eines Abends meinte Katharina, die zumindest anfangs meinen Enthusiasmus für Miezen nicht ganz teilte: *„Wäre doch eigentlich schön, wenn wir eine eigene Katze hätten."* Eine Aussage, die sofort ein breites und sehr, sehr glückliches Lächeln auf mein Gesicht zauberte.

Am nächsten Tag machten wir uns auf die Suche nach einer geeigneten Katze. In einem Punkt waren wir uns sofort einig: Es sollte keine Rassekatze sein, sondern eine hundsnormale – falls man das in Bezug auf eine Katze sagen darf – Straßenkatze. Aus dem Tierheim oder einem der zahlreichen Katzenschutzvereine sollte sie sein.

Im Tierheim gab es reichlich Fundkatzen, in allen Farben und jedweden Alters. Aber irgendwie wollte der Funken bei keiner so recht überspringen. Keine der infrage kommenden Miezen löst bei mir ein *„Die-nehme-ich-sofort-Gefühl"* aus. Vermutlich lag das aber weniger an den Katzen selbst als am Ambiente des Tierheims, das doch stark an eine Art Strafvollzugsanstalt für Vierbeiner erinnerte. Nichts gegen Tierheime. In den allermeisten Fällen leisten die Verantwortlichen dort großartige Arbeit.

Allerdings trug auch das ziemlich offensive Verkaufsverhalten des zuständigen Tierheimmitarbeiters nur wenig zu einer möglichen positiven Entscheidung meinerseits bei. Mit einem Satz wie: *„Am liebsten würde ich sie alle behalten"*, kann man bei mir einfach nicht punkten. Ein bisschen ist das wie beim Kleiderkauf, wenn die geneigte Verkäuferin mit dem Satz: „*Das trägt auch mein Verlobter gern*", ein Sakko präsentiert, bei dem zumindest ein Blindenhund knurren sollte.

Mit leeren Händen zu Hause angekommen, empfing mich Katharina jedoch mit einer überaus frohen Botschaft: *„Beim Katzenschutzverein habe ich die ideale Katze gefunden. Sie sieht sehr gepflegt aus und hat gute Manieren. Außerdem passt sie farblich einfach super zu unserem Teppichboden."* Sie merken schon, Katharina hat etwas andere Ansprüche an eine Katze als ich. Apropos Ansprüche an einen Stubentiger. Wir haben später recht schnell gelernt, dass es eher umgekehrt ist: Katzen haben Ansprüche an uns Menschen und setzen sie auch gnadenlos durch.

Als Katharina und ich am nächsten Tag zur *„Endauswahl"* den Katzenschutzverein gemeinsam aufsuchten, war die farblich so gut zu unserem Teppichboden passende Katze die einzige, die nicht sofort in einer Kiste oder unter einem Sofa verschwand, sondern Katharina kräftig anfauchte. Das gab den Ausschlag! So betrat Pünktchen unser Leben und stellte selbiges schon vom ersten Tag an völlig auf den Kopf.

Kleiner Zeitsprung – rund ein Jahr später: Wir wollten eine zweite Katze haben. Nicht, dass wir mit Pünktchen nicht ausgelastet gewesen wären. Aber vielleicht brauchte Pünktchen – damals wussten wir noch nicht, dass wir uns eine willensstarke Katzenautistin ins Haus geholt hatten, – in den Zeiten unserer Abwesenheit einen vierbeinigen Spielgefährten. Schließlich sollte Pünktchen auf keinen Fall vereinsamen. Wie naiv wir damals noch waren! Und da Katharina und ich uns geradezu sklavisch am Zeitgeist orientieren, sollte es in Zeiten von Genderstudies und Gleichberechtigung natürlich ein Kater sein.

Nach einer Odyssee durch diverse Tierheime und private Katzenschutzorganisationen trafen wir dann auf Spikey. Spikey war ein rund halbjähriger herren- und frauchenloser Kater, der sich eines Morgens in einem ziemlich erbärmlichen Zustand im Garten eines Gerichtsvollziehers eingefunden hatte und dort lautstark um Nahrung bettelte. Der Justizbeamte mit den gefürchteten Kuckucksmarken besaß allerdings bereits zwei eigene Katzen und die waren nicht bereit, ihr Territorium mit dem Neuzugang zu teilen. Da kamen wir ins Spiel – und es war Liebe auf den ersten Blick. Spikey sah so aus, wie man sich einen gestandenen Kater vorstellt. Ein Herrscher des Hinterhofs, der sich nicht so leicht die Butter vom Brot bzw. die Maus von der Türmatte nehmen lässt. Spikey hatte schon in jungen Jahren einen geradezu lehrbuchhaft dicken Katerkopf. Einen Katerkopf, der, wäre er in Marmor gemeißelt, auch durchaus als Büste mit einem Cäsarenkopf mithalten könnte. Na ja, zumindest ein bisschen.

Seither leben wir mit zwei Katzen zusammen. Seither gilt für mich ein Wort des großen Johann Wolfgang von Goethe: „*Ein Leben ohne Katzen ist möglich, aber sinnlos.*“ Ein Haus ohne Katzen ist für mich mittlerweile ein leeres Haus. Gut, ein leeres Haus ohne tote Mäuse, zerkratzte Möbel oder dreckige Pfotenabdrücke auf der frisch gereinigten Bettwäsche, aber eben ein leeres Haus. Ich glaube, auch wenn Sie ein Hundebesitzer sind, verstehen Sie, was ich meine.

Als kinderloses Ehepaar im fortgeschrittenen Alter, mit zwei überaus verwöhnten Katzen bekommt man von Freunden, Bekannten oder anderen Menschen mit Kindern etwa einmal im Monat die Frage gestellt: „*Gell* (wir leben in Baden)*, Eure Katzen sind so eine Art Kindersatz für Euch?*“ Ziemlich oft schwingt in dieser Frage eine gehörige Portion Mitleid mit. Meine Antwort ist stets die gleiche: „*Kein Kind kann meine Katzen ersetzen.*“ Das ist dann immer das Ende aller Diskussionen.

Als Naturwissenschaftler war es mir immer wichtig, das Wesen unser beiden Katzen zu verstehen. Deshalb habe ich mich in Sachen Katzen richtig schlau gemacht: Ich habe die einschlägige Katzenfachliteratur verschlungen, die Ergebnisse brandneuer Studien in unseren Katzenalltag einfließen lassen, die Boulevardpresse durchstöbert und sogar mehrfach mit selbst ernannten Katzenpsychologen mögliche Kindheitstraumen unserer Katzen diskutiert. Dabei bin ich auf verblüffende, unterhaltsame und manchmal durchaus skurrile Geschichten gestoßen. Geschichten, die ich Ihnen keinesfalls vorenthalten will. Selbstverständlich habe ich das frisch erworbene Wissen mit eigenen, bescheidenen häuslichen Experimenten überprüft. So sind sie eben, die Naturwissenschaftler: ausgesprochen neugierig. Oder wie Katharina sagt: ausgesprochene Idioten.

Liebe Leserin, lieber Leser, betrachten Sie doch bitte das vor Ihnen liegende Buch als ein kleines Theaterstück, mit ganz vielen unterschiedlichen Akten und noch mehr wissenschaftlichen Erläuterungen, bei dem manchmal etwas schrecklich durcheinandergeraten ist.

Dabei sind die Hauptrollen klar verteilt sind: Pünktchen ist die etwas übergewichtige, ewig schlecht gelaunte, aber hochintelligente Hauptdarstellerin. An ihrer Seite unverrückbar, der George Clooney unter den Katern, Spikey, der, um es vorsichtig zu formulieren, nicht gerade die hellste Kerze auf der Torte ist. Aber hat nicht auch Prinzessin Diana in ihrer Schulzeit lediglich eine Auszeichnung für das *„bestgepflegte Nagetier"* eingeheimst, um dann später einmal zur meist fotografierten Frau der Welt zu mutieren? Sehen Sie, auch für die schlichteren Gemüter unter den Katzen besteht durchaus noch Hoffnung.

Dann kommen, um im Hollywoodjargon zu bleiben, die sogenannten *„Supporting Actors"* – die Personen, die in einem Film die tragenden Nebenrollen spielen. Das sind Katharina und ich. Mir ist dabei die Rolle des etwas trotteligen, aber willigen Erfüllungsgehilfen der beiden Miezen zugefallen. Gelernter Biologe und Buchautor. Was soll man da als Katze schon groß erwarten! So einen wickelt man als Katze locker um die Kralle! Ganz anders Katharina. Als *„Fachanwältin für internationales Wirtschaftsrecht"* bleibt ihr

eigentlich nur noch die Rolle der „*Bitch*". Einer Bitch, die ständig und mit allen Mitteln versucht, unsere Katzen von einem in ihren Augen „*standesgemäßen*" Leben zu überzeugen. Typisch Rechtsanwältin eben. Sie kennen sehr wahrscheinlich den Spruch: „*Lehrer wissen alles, Rechtsanwälte wissen alles besser.*" Da sind Mensch-Katzen-Konflikte vorprogrammiert.

Dann gibt es noch Nebendarsteller, Kleinstdarsteller und Komparsen: Tierärzte, Nachbarn, Besucher und jede Menge andere Katzen bzw. andere Tiere.

Übrigens: Heute habe ich meine Anziehungskraft auf Hunde komplett verloren. Ich könnte tagelang an einem griechischen Dorfplatz sitzen und nicht ein einziger Hund würde auftauchen. Vom Händelecken ganz zu schweigen. Selbst ein Hundekuchen in der Hosentasche hilft da überhaupt nichts. Muss irgendwie an den magischen Fähigkeiten von Pünktchen und Spikey liegen.

Und jetzt: Vorhang auf!

Charakterstudien

»Die Katze behält ihren freien Willen,
auch wenn sie dich liebt, und sie wird nichts für dich tun,
was sie für unvernünftig hält.«

Théophile Gautier

Katzen mögen keine Veränderungen. So sorgt bereits ein umgestellter Stuhl bei den Samtpfoten für ein empörtes Maunzen oder wird zumindest mit einem verächtlichen Blick bedacht. Ein neues Sofa im Wohnzimmer empfinden die Miezen schon als unzumutbar. Katzen sind derart erzkonservativ. Ich glaube, die deutsche Katzenschaft würde, wenn sie denn dürfte, geschlossen CDU/CSU wählen. Rund 13 Millionen neue Stammwähler – bei diesem Zuwachs müsste sich unsere Bundeskanzlerin keine Sorgen mehr um ihre Wiederwahl oder künftige Koalitionen machen.

Pünktchen ist die konservativste aller Katzen – oder, um bei unserem Vergleich zu bleiben, der Franz-Joseph-Strauß unter den Katzen. Pünktchen, eine mittlerweile etwas betagte Katzenlady, die auch vom Leibesumfang durchaus mit dem ehemaligen bayrischen Ministerpräsidenten hätte mithalten können, legt größten Wert auf einen streng strukturierten, minutiös verplanten Tagesablauf: 5.30 Uhr: Wecken des Dosenöffners. 5.31 bis 5.40 Uhr: ausgiebiges Frühstück. 5.40 bis 9.00 Uhr: Inspektion des Treppenhauses – vorzugsweise in Kombination mit einer Attacke auf die verhasste Nachbarskatze. 9.00 bis 9.05 Uhr: zweites, ebenfalls üppiges Frühstück. Früher machte sich Pünktchen pünktlich um 9.06 Uhr auf den Weg – Katzenklappen machen es möglich – zu meinem Nachbarn

Heinrich, um sich in dessen Bett von den bisherigen Strapazen des Vormittags so richtig auszuruhen. Heinrich, ein echter Katzenfan, hatte gegen den morgendlichen Katzenbesuch in seinem Bett nichts einzuwenden. Im Gegenteil, bevor Pünktchen ins Land der Träume versank, wurde sie von Heinrich noch mit dem einen oder anderen Leckerli verwöhnt. Dieses Prozedere hätte Pünktchen wahrscheinlich ewig beibehalten können, hätte der ewige Junggeselle Heinrich nicht, in bereits vorgerücktem Alter, noch einmal geheiratet. Die neue Dame des Hauses war jedoch nicht bereit, täglich den Besuch einer Katze im mittlerweile zum Ehebett mutierten Bett zu dulden.

Es kam zu einigen äußerst unschönen, um nicht zu sagen, äußerst hässlichen Szenen. Pünktchen flog gleich mehrfach in hohem Bogen aus Bett und Wohnung. Pünktchen ihrerseits war aber keineswegs bereit, diese rüde Sabotage ihres Tagesablaufs kampflos hinzunehmen. Sie hatte hier ja wohl ganz klar ältere Rechte. Und so machte sich Pünktchen eines schönen Morgens ein allerletztes Mal auf, um der Wohnung von Heinrich ihren üblichen Besuch abzustatten.

Allerdings war diesmal nicht das Schlafzimmer, sondern das Wohnzimmer der Ort ihrer Begierde. Dort angekommen, wartete sie geduldig, bis sie die volle Aufmerksamkeit von Heinrich und Neugattin besaß und pinkelte gezielt und ausgiebig in die Handtasche ihrer neuen Gegnerin! Sie verließ hocherhobenen Schwanzes den Ort des Geschehens.

Klar, dass die Katzenklappe von Heinrichs Wohnung von da für immer für Pünktchen verschlossen blieb. So weit, so nicht gut. Denn Pünktchen war jetzt bestrafungstechnisch auf den Geschmack gekommen und versuchte von da an, ihr unliebsame weibliche Besucher unserer Wohnung – und das sind für Pünktchen fast alle – durch gezieltes „*Handtaschenpinkeln*" von einer Wiederholung ihres störenden Besuches abzuhalten. Seither haben wir im Flur für unsere Gäste ein hoch angebrachtes „*Handtaschenboard*".

Was man nicht alles für seine geliebte Katze tut.

Kleiner Nachtrag: Heinrich lebt mittlerweile von seiner Frau getrennt. Nicht, dass das irgendetwas mit Pünktchen zu tun hätte.

Spikey ist anders gestrickt. Spikey ist mit Sicherheit der schönste Kater der Welt. Ich weiß schon, das behauptet jeder stolze Katzenbesitzer von seinem Stubentiger. Aber auch objektiv betrachtet ist Spikey eine echte Schönheit. Ein bisschen sieht er so aus wie der vierbeinige Protagonist eines sehr bekannten Katzenfutterwerbespots – nur noch besser. Aber leider können Spikeys geistige Fähigkeiten nicht mit seinem guten Aussehen mithalten. Katharina hat es einmal auf den Punkt gebracht:

Spikey ist ein Unterhosenmodel. Sie wissen nicht, was das ist? Ein Unterhosenmodel ist ein sehr gut aussehendes männliches Mannequin mit markantem Gesicht und einem Sixpack anstelle eines Bierbauches. So eine Art männliche Heidi Klum, nur dass der Herr auf den Laufstegen dieser Welt nicht Haute Couture, sondern Feinripp vorführt.

Allerdings behaupten böse Zungen, dass die geistigen Fähigkeiten eines Unterhosenmodels in der Regel nicht ausreichen, um etwa Nuklearphysiker oder Neurochirurg zu werden. In die Nähe eines Katzennobelpreises wird Spikey mit an Sicherheit grenzender Wahrscheinlichkeit niemals kommen. Ich glaube, Sie verstehen jetzt, was ich meine.

Am deutlichsten werden Spikeys geistige Defizite bei seinem Jagdverhalten. So werden zum Beispiel seine Versuche, im Garten einen Vogel zu fangen, auch von ihm äußert wohlgesinnten Beobachtern als erbärmlich eingestuft. Man schleicht sich einfach nicht an ein potenzielles Opfer mit weithin sichtbar wedelndem Schwanz an.

Auch hat er nie verstanden, dass selbst der sportlichste Kater eine in zehn Meter Höhe fliegende Taube nicht vom

Himmel pflücken kann. Spikeys zahlreiche Fehlversuche in dieser Hinsicht sind mittlerweile stadtbekannt und bereits mehrfach filmisch dokumentiert worden. Gott sei Dank sind sie noch nicht auf Youtube zu finden. Nach einer missglückten Attacke, von der die Taube meistens noch nicht einmal etwas mitbekommen hat, schaut er etwas verwirrt um sich und trollt sich dann in Richtung Trockenfutternapf. Seine Augen haben wir übrigens untersuchen lassen, kurzsichtig ist er nicht.

Müsste man Spikey ein Zeugnis in Sachen Vogelfangen ausstellen, würde es in etwa wie folgt lauten: *„Er mühte sich redlich, konnte aber die vorgegebenen Ziele in keiner Weise erreichen.“* Aber ich hatte noch nie den Eindruck, dass sich Spikey in Sachen Intelligenz irgendwie defizitär vorkommt. Wenn es einen ausgeglichenen, ewig gut gelaunten, glücklichen Kater gibt, dann ist das unser Spikey. Vielleicht liegt das aber auch daran, dass ich ihm manchmal abends – natürlich ohne, dass es Katharina mitbekommt, ins Ohr flüstere: *„Dicker, wer so gut aussieht wie Du, der hat es überhaupt nicht nötig, schlau zu sein.“* Meistens gibt er dann sofort Köpfchen, schnurrt glücklich und sabbert ein bisschen.

Es gibt Situationen, da ist sich Spikey allerdings seines guten Aussehens durchaus bewusst. Haben wir beispielsweise Besuch, kommt er nicht etwa einfach nur ins Wohnzimmer gelatscht. Nein, er tritt regelrecht in Erscheinung – gemessenen Schrittes. Mit wohlwollend huldvoller Mine nimmt er die ihm seiner Meinung nach selbstverständlich zustehenden Streicheleinheiten entgegen. So und nur so, muss ein Star unter den Katzen behandelt werden. Autogramme gibt er noch keine.

Eine Katze im Sack kaufen

Wer *„eine Katze im Sack kauft"*, der kauft etwas, ohne es vorher näher geprüft zu haben, bzw. er lässt sich auf etwas ein, ohne genau zu wissen, worauf er sich da eingelassen hat. Infolge wird man oft übervorteilt und betrogen. Die Redewendung selbst geht auf einen im Mittelalter häufig angewandten Trickbetrug zurück.

Damals haben betrügerische Markthändler einem unaufmerksamen Kunden oft, anstelle des eigentlich gekauften, wertvollen Ferkels oder Kaninchens, einfach heimlich eine damals deutlich weniger wertvolle Katze in den Einkaufssack gepackt. Zu Hause war dann die Enttäuschung groß, wenn anstelle des vermeintlichen leckeren Sonntagsbratens eine wenig schmackhafte Katze im Sack war. Ein Betrug, der offensichtlich sehr häufig getätigt wurde:

In alten Marktordnungen kann man lesen, dass bereits geschlachtete Kaninchen nur mit Kopf und Pfoten verkauft werden durften, weil sie sonst für den geneigten Kunden zu schwer von Katzen zu unterscheiden seien.

Toilettenfragen Teil 1

»Ich habe die Philosophen und die Katzen studiert,
doch die Weisheit der Katzen ist letztlich um ein weites größer.«
Hippolyte Taine

„Ihre verdammte Katze hat schon wieder in unseren Garten gekackt.“ Mit dieser überaus frohen Botschaft konfrontieren uns unsere lieben Nachbarn zur Rechten in etwa 14-täglichen Abständen. Jetzt könnten wir leugnen und behaupten: *„Das war sicher nicht unser Spikey. So was macht der garantiert nicht. Das muss eine andere Katze gewesen sein.“* Aber das ist leider unmöglich. Spikey wurde bereits mehrfach in flagranti fotografiert. Das wiederum ist nur möglich, weil für unseren Spikey der Toilettengang offensichtlich eine Herzensangelegenheit ist.

Aber vielleicht erst einmal der Reihe nach: Als Freigänger hat Spikey die Qual der Wahl, wo und wann er sein Geschäft verrichten kann. Und genau hier liegt das Problem. Spikey bevorzugt zum Verscharren seiner Hinterlassenschaften einen weichen, leicht mit den Krallen zu bearbeitenden, lockeren Untergrund. Wo kämen wir denn da hin, wenn sich ein Kater von Welt auch noch mit einem brettharten Boden abmühen müsste. Da kommt Spikey das mit viel gärtnerischer Liebe gepflegte Hügelbeet unserer Nachbarn zur Rechten gerade recht. Würde Spikey sein Geschäft, wie sich das für einen anständigen Kater gehört, klammheimlich im Schutze der Dunkelheit verrichten, wäre die Welt wahrscheinlich für alle Beteiligten in Ordnung. Aber nein, so ist Spikey nicht gepolt. Ein heimlicher Toilettengang, für den er sich womöglich auch noch schämen sollte? Nicht mit unserem Spikey. Was Spikey in Toilettenfragen tut, kann jeder, ja soll jeder sehen. Deshalb macht Spikey aus einem simplen Stuhlgang eine regelrechte Zeremonie.

Eine Zeremonie, die es, wenn auch nicht inhaltlich, aber an Komplexität durchaus mit dem spanischen Hofzeremoniell aufnehmen könnte. Von dem wird ja immer behauptet, dass es das strengste der Welt sei. Ich darf hier einmal einen Historiker, Martin Mutschlechner, zitieren: *„Jeder Schritt und jede Handbewegung sollte von angemessener Würde durchdrungen sein. Individualität und Spontanität waren nicht erwünscht.“*

Genau so läuft es bei Spikey: Zunächst einmal wird ausgiebig und durchaus zeitintensiv das Terrain sondiert. Ist nach einer gefühlten Viertelstunde eine geeignete Stelle gefunden, werden zunächst mehrere sorgfältige Probebohrungen durchgeführt. Welche Kriterien letztendlich für die Entscheidung ausschlaggebend sind, entzieht sich dem geneigten Beobachter. Dann wird ausgiebig *„probegesessen“*. Danach wird der zukünftige Ort des Geschehens noch mehrmals durch ausgiebiges Schnüffeln überprüft und scharrender Weise werden noch einige Feinjustierungen durchgeführt. Erst jetzt kommt es zum Hauptakt, der aber nicht, wie gesagt, etwa verschämt, sondern stets voller Stolz und aufrechten Hauptes durchgeführt wird. Sind dann die Hinterlassenschaften von Spikey, die es in Größe und Geruch durchaus mit den Stoffwechselendprodukten einer Dänischen Dogge aufnehmen können, endlich verscharrt, wird die Endphase des Zeremoniells eingeleitet: Spikey schaut sich mit einem triumphierenden Glitzern in den Augen beifallsheischend um und wartet offensichtlich auf einen donnernden Applaus der genervt zuschauenden Nachbarschaft. Fehlt nur noch, dass er Eintrittskarten verkauft!

Pünktchen waren dagegen, bevor sie freiwillig zur Wohnungskatze mutierte, solche Toilettenzeremonien fremd. Mehr noch, Pünktchen verscharrte ihre Hinterlassenschaften so gut wie nie. Lediglich, wenn sie sich beobachtet fühlte, führte sie äußerst halbherzig ein paar pro forma angedeutete, schnelle Kratzbewegungen in der Luft durch. So eine Art *„Luftgitarre“*. Das wars dann aber auch schon.

„Arglistige Täuschung nennt man so was!“ Katharina sieht als Rechtsanwältin immer zuerst das Schlechte und dann erst das Gute in einer Katze – wahrscheinlich eine Berufskrankheit. Aber etwas Wahres ist schon dran an dieser Behauptung. Pünktchen wusste offensichtlich, dass es sich für eine anständige Katze gehört und es auch von ihr erwartet wird, die eigenen Hinterlassenschaften zu verscharren, war aber einfach zu faul dazu. Natürlich bevorzugte auch Pünktchen bei ihrem Stuhlgang weiche Beete – erfreulicherweise nur solche, die sich im eigenen Garten befanden.

Die Katzenwissenschaft bietet übrigens für das Verscharren bzw. Nichtverscharren von Kot folgende Erklärung: Im Allgemeinen verscharren Katzen Kot und Urin, um nicht durch den Geruch ihrer Hinterlassenschaften unerwünschte Aufmerksamkeit auf sich zu ziehen. Das bewahrt sie vor Feinden, aber auch vor ranghöheren Artgenossen. Ranghohe Katzen – sprich die Herrscher des Hinterhofes – vergraben ihr Häufchen nicht. Im Gegenteil, sie setzen es sichtbar ab, präsentieren es regelrecht, um zu zeigen, wer hier das Sagen hat. Wenn man es genau nimmt, ist das Geschäft mit dem Geschäft also ein Teil der Katzensprache!

Der Nachbargarten als Katzenklo. Um gegen alle Eventualitäten gewappnet zu sein, hat Katharina einmal ein paar maßgebliche Urteile herausgesucht. Diese sehen in den allermeisten Fällen ziemlich katzenfreundlich aus. So muss es nach Ansicht des Amtsgerichts Neu-Ulm (Az. 2 C 47/98) ein Gartenbesitzer (wenn auch zähneknirschend) hinnehmen, dass die Katze des Nachbarn seinen Garten für ihre Toilettenangelegenheiten missbraucht. Das gilt auch dann, wenn von den Beschmutzungen Spielgeräte eines Kindes betroffen sind.

Das Landgericht Darmstadt (Az. 9 O 597/92) entschied sogar, dass ein Grundstückseigentümer den Besuch mehrerer Katzen dulden muss und wies bei der Urteilsbegründung auf das Bedürfnis der Katzen nach einer eigenständigen und autonomen Lebensführung hin. Ähnlich sieht es das Amtsgericht Rheinberg (Az. 10 C 415/91), das in seinem Urteil darauf hinweist, dass *„in Wohngegenden, die – wie hier – aus Häusern mit Gärten bestehen, die Katzenhaltung mit freiem Auslauf zur Lebensführung vieler Familien gehört"*.

Wie Katzen nach Hause finden

Dieses Rätsel erforscht die Wissenschaft schon seit vielen Jahren. Eindeutig gelöst hat man es aber bis heute noch nicht. Klar belegt ist, dass Katzen in der Regel aus Entfernungen von bis zu zwölf Kilometern sehr gut nach Hause finden. Für diese Kunst macht die Wissenschaft gleich mehrere Fähigkeiten der Katzen verantwortlich. Zum einen ist man sich in Wissenschaftskreisen ziemlich sicher, dass Katzen, wie Zugvögel auch, das Magnetfeld der Erde zur Orientierung nutzen. Zum anderen betreiben unsere Miezen noch Astronavigation. Sie orientieren sich also am Sonnenstand, sprich, sie nutzen die Sonne als Kompass.

Vor einiger Zeit haben Wissenschaftler noch eine weitere, wohl rein katzenspezifische Navigationsart entdeckt: Katzen arbeiten offensichtlich auch mit sogenannten Hörbildern. Nach Meinung der Experten orientieren sich unsere Stubentiger in allererster Linie an bekannten und oft immer wiederkehrenden Geräuschen und kombinieren sie mit den dazugehörigen Bildern ihres Umfeldes.

So verbinden sie beispielsweise mit den Kirchenglocken einen Kirchturm oder ein Zuggeräusch, je nach Lautstärke, mit einer nahen oder weit entfernten Bahnstrecke. Relevant sind auch andere Verkehrsgeräusche, Bachgeplätscher oder Kinderlärm. Diese Eindrücke formen die Katzen zu einem Hörbild, das sie zunächst abspeichern und nach Bedarf abrufen, wenn es darum geht, sicher den Weg nach Hause zu finden.

Die Wissenschaftler vermuten, dass die Katzen bestimmte Tonfrequenzen mithilfe spezieller Nervenzellen im Auge aufnehmen und über den Sehnerv an die zuständigen Nervenzellen in der Großhirnrinde weiterleiten. Stark vereinfacht heißt das, dass die Katze auch mit den Augen hören kann und die entsprechenden Hörbilder im Sehzentrum im Gehirn abspeichern kann. Nach entsprechenden Erkundungsausflügen hat eine Katze dann letztendlich alle *„Hörbilder“* ihrer gewohnten Umgebung im Gehirn gespeichert. Setzt man die Mieze dann mehrere Kilometer entfernt auf unbekanntem Territorium aus, stellt das kluge Tier anhand von Lautstärke, Tonmischungen, Einfallswinkel sowie Entfernungen neue Berechnungen an und gelangt auf diese Weise fast immer sicher nach Hause zurück.

Toilettenfragen Teil 2

»Die Katzen halten keinen für eloquent,
der nicht miauen kann.«
Marie Freifrau von Ebner-Eschenbach

Vor Kurzem mussten wir nicht ins, sondern zum Klo greifen, genauer gesagt zum Katzenklo. Pünktchen war in die Jahre gekommen und verzichtete – welch kluge Einsicht – von heute auf morgen weitgehend von sich aus auf ihren vorher so heiß geliebten Freigang. Der Weg vom ersten Stock in den Garten war für unser von Arthrose geplagtes Pünktchen einfach zu beschwerlich geworden.

Für uns bedeutete das, es war höchste Zeit, für Pünktchen ein Katzenklo anzuschaffen. Und das sollte nach dem Willen meiner Frau etwas durchaus Luxuriöses sein. „*Wenn Pünktchen schon keine Mäuse mehr fangen kann, dann soll sie wenigstens eine schicke Toilette haben.*" Manchmal haben auch Juristinnen eine rätselhafte Logik. Unser nächster Weg führte uns zum Tierfutterdiscounter, wo wir auf eine Flut der unterschiedlichsten Katzentoiletten trafen. „*Katzentoiletten – das stille Örtchen für Samtpfoten*", wie an einem Regal zu lesen war, gab es in allen Farben und in allen Größen. Einige der Katzenklos hätten allein von der Größe her sogar die freilebende Verwandtschaft unserer Miezen, wie etwa einen Puma oder zumindest einen Luchs, zufriedengestellt. Die Farben – von grellem Pink bis zu einem dezenten Leopardenmuster – waren allerdings teilweise gewöhnungsbedürftig.

„*Schau mal, das sieht doch wirklich sehr nett aus!*" Katharina steuerte sofort zielsicher auf ein metallic-graues, formschönes, wahrscheinlich von einem unter Drogeneinfluss stehenden Stardesigner entworfenes Katzenklo zu, das zum Spottpreis von 299 Euro zu haben war. „*Schönheit hat eben ihren Preis.*" Mit diesem Argument wurde mir, der manchmal etwas zur Sparsamkeit neigt, bereits im Vorfeld der Wind aus den Segeln genommen. Allerdings hatte das Designerklo Ausmaße, die bestenfalls einem magersüchtigen Zwergkaninchen genügend Platz zur Erledigung seines Geschäfts geboten hätten, keinesfalls aber unserem 6,2-Kilo-Pünktchen. Diese Tatsache war dann bereits in der frühen Findungsphase das unwiderrufliche Aus für die Designertoilette.

Meine Wahl wäre eine Katzentoilette namens *„Maunz"* (Name vom Autor geändert) für nur 39,99 Euro gewesen – eine technisch anspruchsvolle Katzentoilette. Ich darf einmal aus der Produktbeschreibung zitieren:

„Eine Katzentoilette, die sich wahrlich nicht verstecken muss. Dank edler Rattan-Geflecht-Optik und attraktiven Farbkombinationen passt ‚Maunz' optimal zu nahezu jedem Wohnambiente. Dank eines integrierten Aktivkohlefilters können unangenehme Gerüche nicht aus dem Inneren nach außen dringen. Das Säubern der Katzenstreu ist durch die herausziehbare Schublade und die in den Deckel integrierte Streuschaufel kinderleicht.

Das Oberteil der Katzentoilette lässt sich komplett abnehmen. Ein Pfoten-Abstreif-Gitter lässt sich wahlweise innerhalb oder außerhalb der Katzentoilette platzieren und bewirkt eine Spreizung der Katzenpfoten beim Verlassen der Katzentoilette. Dadurch wird verhindert, dass sich Katzenstreu und Hinterlassenschaften in der Wohnung verteilen. Eine leichtgängige und nach Bedarf herausnehmbare, getönte Schwingklappe sorgt für Privatsphäre während des Geschäfts Ihres Lieblings. Die gesamte Katzentoilette lässt sich leicht reinigen."

Na also, das wars ja wohl! Nicht für Katharina. Katharina war ganz und gar nicht der Meinung, dass *„Maunz"* optimal zu unserem *„Wohnambiente"* passt. Formuliert hat sie das wesentlich unfreundlicher. Das war dann der Zeitpunkt, an dem sich eine mittlere Ehekrise unmittelbar ankündigte. Aber gute Katzeneltern, die wir nun mal sind, stellten wir persönliche Eitelkeiten hinten an und arbeiteten uns weiter durch das schier unerschöpfliche Angebot an Katzentoiletten.

Jetzt wird mir sicherlich auch der fanatischste Katzenliebhaber zustimmen, dass es durchaus schönere Dinge im Leben gibt, als alltäglich ein Katzenklo von den kleinen und großen Hinterlassenschaften unserer Lieblinge zu reinigen – von der Geruchsbelästigung einmal ganz zu schweigen. Deshalb fiel unsere Wahl letztendlich auch auf ein sogenanntes *„selbstreinigendes Katzenklo"*, ausgestattet mit allerlei technischem Schnickschnack und – jetzt kommt der Clou – mit *„eingebautem elektronischem Geruchsentferner"*.

Bei Pünktchen fand das elektronische Toilettenwunder namens *„Robo-Toilet"*, das auf den ersten Blick an ein etwas aus der Form geratenes Ufo erinnert, jedoch keine Gnade. Anders ließen sich die Urinlachen, die wir allmorgendlich direkt vor und nicht im Klo fanden, wohl nicht erklären. Im Augenblick muss deshalb jetzt ein kleines schäbiges Ersatzkatzenklo, das wir von unseren Nachbarn ausgeborgt haben, für Pünktchens Bedürfnisse herhalten.

Das *„Superklo"* ist im Keller,
natürlich nur vorübergehend.
Aber irgendwie werden
wir das schon hinkriegen.

Es war im Jahr 2001, als Forscher der Universität Texas eine kätzische Sensation ersten Ranges verkündeten. Den Wissenschaftlern war es erstmals gelungen, eine Katze zu klonen. Das weiß-graue Fellbündel wurde „*CC*" genannt, was allgemein als eine Abkürzung des Begriffs „*copycat*" (engl. Nachahmer) gedeutet wurde.

Nach einer anderen Version soll „*CC*" jedoch für „*carbon copy*" (engl. Durchschlag eines Schriftstückes) stehen. Bei der bei „*CC*" angewendeten Klontechnik wird dem zu klonenden Organismus eine Zelle entnommen und daraus der Kern, der das Erbmaterial – die sogenannte DNA – enthält, isoliert. Dieser Kern wird dann in eine zuvor entkernte Eizelle übertragen, sodass nur noch die Erbsubstanz des Spendertieres vorhanden ist und sich eine identische Kopie entwickeln kann. Die derart manipulierte Eizelle wird dann in die Gebärmutter einer „*Leihmutter*" eingepflanzt, die den Klon austrägt.

Es dauerte nicht lange, bis auch die erste Katze „*auf Bestellung*" einer Privatperson geklont wurde. Die amerikanische Biotechnikfirma „*Genetic Savings & Clone*", mit Sitz im kalifornischen Sausalito, klonte 2004 wunschgemäß „*Nicky*", einen angeblich besonders gelehrigen und anhänglichen Kater, der im Jahr 2003 im stolzen Katzenalter von 17 Jahren verstorben war. Zur Sicherung seines Erbgutes genügte der Besitzerin des verstorbenen Wunderkaters übrigens ein einziges Haar des Katers.

Ganz billig war die „*Herstellung*" von „*Little Nicky*", wie die Klonkatze getauft wurde, jedoch nicht: Die Auftraggeberin, die aus Angst vor den Anschlägen militanter Klongegner unerkannt bleiben wollte, musste für das Klonkätzchen stolze 50000 Dollar berappen.

Mit dem Ergebnis war die Neueigentümerin der Klonkatze aber hochzufrieden, schließlich bestanden ihrer Aussage nach zwischen „*Kopie*“ und „*Original*“ keinerlei Unterschiede – sowohl was das Aussehen als auch was den Charakter betraf.

Der Mafia-Don

»Die Menschheit lässt sich grob in zwei Gruppen einteilen: in Katzenliebhaber und in vom Leben Benachteiligte.«
Francesco Petrarca

Sicher haben sie schon mal folgenden Ratschlag gehört: *„Wer Mäuse im Haus hat, sollte sich dringend eine Katze anschaffen.“* Selten habe ich einen so falschen Satz gehört! Genau das Gegenteil ist richtig: Wer sich eine Katze anschafft, holt sich dadurch erst Mäuse in eine vorher durch und durch mausfreie Wohnung. Na ja, zumindest bei uns ist das so.

Wahrscheinlich sind wir die einzige Familie auf der Welt, die trotz zweier Katzen im Haus ihren Mäusen mit Mausefallen nachstellt. Ein bisschen deprimierend ist das schon. Dabei hatten wir maustechnisch schon deutlich bessere Zeiten erlebt. Unser Kater Spikey, obwohl ein begeisterter Freigänger vor dem Herrn, hatte sich von Anfang an als hundsmiserabler Mäusefänger erwiesen, der niemals auch nur eine einzige Maus nach Haus brachte. Und Pünktchen, unsere schon etwas betagte Katzenlady, früher eine Mäusefängerin von Rang, war durch ihre Arthrose zu einem mäusefreien Leben in der Wohnung verdammt.

Vor etwa zwei Jahren begann dann das Drama. Spikey brachte auf einmal von heute auf morgen in regelmäßigen Abständen Mäuse mit. Viele Mäuse, und zwar lebende Mäuse bzw. manchmal auch nur *„noch ein bisschen lebende Mäuse“*. Das Prozedere ist dabei stets gleich: Spikey betritt die Wohnung mit einem Lächeln auf den Lippen und einer Maus quer im Maul. Aber kaum ist die Katzenklappe ins Schloss gefallen, lässt Spikey sein bedauernswertes Opfer wie einen nassen Sack fallen und schlurft gemütlich in die Küche, um sich dort über den Napf mit dem Trockenfutter herzumachen. Das Interesse an der Maus hat er mit einem

Schlag völlig verloren. Diese, hoch erfreut darüber, gerade die zweite Chance ihres Lebens erhalten zu haben, flieht dann meist sofort unter den nächsten Schrank, um fortan ein überaus komfortables Leben in unserer Wohnung zu führen – und das über Wochen. Schließlich ist es in unserer Wohnung schön warm und gemütlich. Verstecke gibt es auch genügend, ebenso wie zu fressen in Form von Katzenfutter. Aber was in den Magendarmtrakt eingeführt wird, muss irgendwann auch wieder heraus. Will heißen: Meine Frau findet morgens öfter mal in ihren geliebten und, nebenbei bemerkt, auch sündhaft teuren Designerschuhen, Mäuseknödel vor. Da kommt richtig Freude auf!

Die Mäuse fängt Spikey übrigens nicht selbst, wie wir aus der Nachbarschaft erfahren haben. Nein, diesen Mühen unterzieht sich unser Spikey nicht. Nein, Spikey macht sich nicht die Pfoten schmutzig. Spikey lässt fangen. Nach mehr oder weniger empört aus der Nachbarschaft vorgetragenen Berichten nimmt er einfach den Katzen aus der näheren Umgebung die gefangenen Mäuse weg. Das spricht auf der einen Seite für eine gewisse Intelligenz, weist aber auf der anderen Seite auf ein gerüttelt Maß an krimineller Energie hin. Wir überlegen deshalb immer mal wieder, ob wir Spikey in *„Don Corleone"* umtaufen. Offensichtlich gibt es auch unter Katern Mafia-Paten.

Apropos kriminelle Katze. 2013 geriet ein kleinkrimineller Kater namens Findus bundesweit in die Schlagzeilen. Der damals fünfjährige Kater aus Lindau-Revensdorf bei Kiel stibitzte bei seinen nächtlichen Streifzügen durch die Nachbarschaft Socken, Handtücher und Unterwäsche, um sie dann seinen Dosenöffnern mit viel Liebe vor die Haustür zu legen.

Socken statt Mäuse, bei so einem Kater wird sogar das Interesse von Funk und Fernsehen geweckt und Findus mutierte für kurze Zeit zu einem regelrechten Promi. Sogar im ZDF-Jahresrückblick wurde dem diebischen Kater eine kleine Story gewidmet. Auf frischer Tat wurde Findus allerdings nie ertappt. Lediglich eine eindeutige Indizienkette spricht für die kriminellen Aktivitäten des schnurrenden Gauners. Die bestohlenen Nachbarn sehen die Diebstähle eher gelassen. Schließlich bekommen sie das Diebesgut, so es denn zugeordnet werden kann, umgehend wieder zurück.

Die erfolgreichste Mäusefängerin aller Zeiten

Die erfolgreichste Mäusefängerin aller Zeiten war, zumindest wenn man dem berühmten Guinnessbuch der Weltrekorde folgt, eine Schildpattkatze namens *„Towser"* (1963 bis 1987), die im Laufe ihres 24-jährigen Lebens die stolze Zahl von 28899 Mäusen erbeutete. Towser war die Hauskatze der schottischen Whiskydestillerie *„Glenturret Distillery"* und fand dort, ernährungstechnisch gesehen, geradezu paradiesische Zustände vor:

In Whiskydestillerien gibt es für Katzen stets einen reichlich gedeckten Tisch, da die in der Destillerie gelagerte Gerste Mäuse geradezu magisch anlockt. Stellt sich natürlich die Frage, wer bei 28899 Mäusen eigentlich so exakt mitgezählt hat?

Ganz einfach: Mitarbeiter des Guinnessbuch der Weltrekorde zählten einige Tage lang die Anzahl der von Towser gefangenen Mäuse mit (3,3 Mäuse pro Tag) und rechneten diese Zahl anschließend auf das Lebensalter Towsers hoch. Zum Dank für seine überragenden Fangkünste wurde *„Towser the Mouser"* im Besucherzentrum der Destillerie eine Statue aus Bronze errichtet. Ein Denkmal, das übrigens deutlich zeigt, dass es sich bei Towser um eine durchaus wohlgenährte Katze gehandelt hat.

Weg mit dem miesen Futter

»Eine Katze, die einen Kanarienvogel gefressen hat, kann deshalb noch nicht singen.«

Deutsches Sprichwort

Katzenbesitzer kennen das: Ihre Mieze sitzt vor dem Futternapf und scharrt mit den Vorderpfoten, als wollte sie ihr Futter vergraben. Aber was will uns unsere Katze mit diesem „*Verscharren*" eigentlich mitteilen? Unter Katzenverstehern kursieren mehrere Hypothesen: So sollen Katzen in der freien Natur ihre Nahrung verscharren, um sie vor der Konkurrenz in Sicherheit zu bringen. Andere Experten wiederum sind der Meinung, unsere Samtpfoten verscharren ihr Futter nur dann, wenn es ihnen nicht mundet – weil sie es völlig ungenießbar finden! Eine Hypothese, die ebenfalls einer gewissen Logik nicht entbehrt. Denn was verscharren Katzen grundsätzlich? Ihre Exkremente! Demnach könnte das Verscharren bedeuten: *„Hey, was setzt Du mir denn da für einen Mist vor?"*

Oder ist es etwa so, dass Verscharren vor dem Fressen heißt: *„Den üblen Fraß, den Du mir da vorgesetzt hast, den kannst Du bitte schön selbst fressen"*, während Verscharren nach dem Futtern zu interpretieren ist als: „*War gut, muss ich dringend verstecken?*" Die Experten sind sich, wie fast immer, uneinig.

Pünktchen gehört jedenfalls ganz klar in die Liga der *„Das-schmeckt-abscheulich-Verscharrerinnen"*. Genauer gesagt, in die Champions League der *„Das-schmeckt-abscheulich-Verscharrerinnen"*. Ist Pünktchen auch nur im Ansatz mit dem ihr angebotenen Futter unzufrieden und das ist fast immer der Fall, wird rund um den Futternapf gescharrt. Sie scharrt dermaßen, dass man fürchten muss, die Späne fliegen gleich bündelweise aus dem Holzparkett – und das bis zu einer Minute lang.

Um die Aussagekraft der Verscharraktion gegenüber ihrem Dosenöffner auch noch mit einem anderen Stilmittel zu unterstützen, setzt Pünktchen parallel dazu ihren berühmt-berüchtigten „*Leidensblick*" auf. Einen Blick, der dem geneigten Betrachter signalisieren soll, dass man es hier doch tatsächlich gewagt hat, einer armen alten Katze, die augenscheinlich knapp vor dem Verhungern steht, ein völlig ungenießbares Dinner – wahrscheinlich sogar mit Rattengift vermischt – vorzusetzen. Als ob das alles noch nicht genug wäre, wird die konzertierte Protestaktion noch mit einem kläglichen, herzzerreißenden Miauen unterstützt.

Also mal wieder ganz großes Kino. Hier könnte doch nur ein völlig gefühlloser Klotz widerstehen! Also entfernt der Dosenöffner gehorsam und in Windeseile das vor drei Minuten geöffnete Tütchen Marke „*Kalbshäppchen für Senioren*" und ersetzt es durch „*Shrimpscocktail in feiner Sauce*". Eine Aktion, die von Pünktchen mit einem sanften Schnurren und intensivem Köpfchengeben belohnt wird. Pünktchen will den Bogen ja nicht überspannen. Sie beherrscht perfekt das Prinzip von Zuckerbrot und Peitsche und weiß genau: Ab und zu braucht auch der Dosenöffner eine seelische Streicheleinheit.

Habe ich übrigens schon erwähnt, dass Pünktchen auf Cevapcici, Paprikasalami und Backhähnchen steht? Am besten genau in dieser Reihenfolge. Offensichtlich hatte der Vorbesitzer von Pünktchen einen südosteuropäischen Migrationshintergrund. Spikey lehnt dagegen menschliches Essen, als offensichtlich für eine Katze ungeeignet, ab.

Bei Spikey sind es eher die Trinkgewohnheiten, die auffällig sind. Wir haben Spikey noch nie etwas trinken sehen – weder aus dem Wassernapf noch aus außerhäusigen Trinkgelegenheiten, wie Gartenteich, Vogelbad oder frischer Pfütze. Offensichtlich deckt er seinen Flüssigkeitsbedarf komplett aus seinem Nassfutter. Mit einer einzigen Ausnahme: In seiner Jugend war Spikey, wenn auch nur über einen kurzen Zeitraum, ein begeisterter *„Aus-der-Kloschüssel-Trinker"*. Allerdings nur dann, wenn Katharina, und ausschließlich Katharina, dort kurz zuvor genau das Gegenteil erledigt hatte. Er war damals so begierig nach seinem, nennen wir es mal Toilettenwasser, dass er es sogar mehrfach geschafft hat, den Toilettendeckel aufzustemmen. Nach sechs Wochen war der Spuk vorbei. An welchen Stoffwechselendprodukten Spikey damals interessiert war, entzieht sich unserer Kenntnis.

Katzenkaffee

Katzenkaffee, auch Kopi Luwak genannt, ist der einzige Kaffee der Welt, der von einer Katze produziert wird. Allerdings nicht von einer *„richtigen"* Katze, sondern vom *„Fleckenmusang"*, einer Schleichkatzenart, die ausschließlich in Süd- und Südostasien zu Hause ist und ein bisschen so aussieht, als hätte man eine Katze mit einem Wiesel gekreuzt.

Obwohl sie eigentlich Fleischfresser sind, handelt es sich bei der absoluten Lieblingsnahrung von Fleckenmusangs erstaunlicherweise jedoch um überreife, zuckersüße Kaffeekirschen. Allerdings können Fleckenmusangs nur das rote Fruchtfleisch der Kaffeekirschen verdauen. Die Kaffeebohne selbst scheiden sie wieder aus. Das ist auch gut so. Denn offenbar sorgt genau dieser Gang durch den Verdauungstrakt der Schleichkatzen für eine Art natürliche *„Veredelung"* der Kaffeebohnen. Magensäfte und Enzyme sorgen dafür, dass den Bohnen viele Bitterstoffe und Säuren entzogen werden und sie deshalb – das behaupten zumindest die Katzenkaffee-Experten – nach dem Röstvorgang ein einzigartiges Aroma entfalten können. Bequemerweise verrichten Schleichkatzen ihr Geschäft nachts stets an denselben Stellen – einer Art *„Open-Air-*

Schleichkatzenklos". Deshalb müssen die *„darmveredelten Bohnen"* am nächsten Morgen von den Kaffeebauern nur noch aufgesammelt, gereinigt und zu den einschlägigen Kaffeeröstereien gebracht werden.

Preiswert ist Kopi Luwak allerdings nicht gerade. Ganz im Gegenteil: Beim Katzenkaffee handelt es sich um den teuersten Kaffee der Welt. Zurzeit kostet das Kilo im Einzelhandel über 300 Dollar, manchmal sogar bis zu 1000 Dollar. Das ist kein Wunder, da jährlich gerade mal 230 Kilogramm Kopi Luwak auf den Weltmarkt kommen.

Wecken in vier Akten

»Katzen sind Hunde mit Hochschulabschluss.«

Grace Hodgson

Es ist schon schrecklich, wenn einem so richtig der Magen knurrt. Besonders schrecklich ist es, wenn bereits um 5.30 Uhr morgens der Magen knurrt. Aber ganz und gar unvorstellbar schrecklich ist es, wenn es sich bei dem knurrenden Magen um einen Katzenmagen handelt. Mit dieser Grundeinstellung nähert sich Pünktchen jeden Morgen Punkt 5.25 Uhr meinem Bett. Der Vollständigkeit halber sei hier festgehalten, dass Pünktchen das letzte Mal am Vorabend gegen 23.00 Uhr – also gerade mal 6 Stunden zuvor – reichlich zu fressen bekommen hat. Hatte ich schon erwähnt, dass Pünktchen 24 Stunden täglich Zugang zu einem Napf gefüllt mit feinstem Trockenfutter hat. Nein? Macht nichts, es spielt sowieso keine Rolle. Was dann folgt ist ein Drama – Katharina behauptet eine Komödie – in 4 Akten.

Vorhang, 1. Akt: Pünktchen betritt das Schlafzimmer und wundert sich, dass der ohne Rücksicht auf elementare Katzenbedürfnisse rücksichtlos vor sich hin schlummernde Dosenöffner nicht schon längst vom Geräusch ihres knurrenden Magens wach geworden ist. Da gilt es jetzt aber tüchtig nachzuhelfen!

2. Akt: Vorsicht ist die Mutter der Porzellankiste. Das wissen gerade Katzen, denn jetzt ist Krallenspitzengefühl angesagt. Gilt es doch, lediglich den als einfältig und gutmütig bekannten, daher leicht zu manipulierenden Dosenöffner zu wecken – aber bloß nicht seine so widerborstige Gattin. Die ist in den frühen Morgenstunden auch gegenüber durchaus berechtigten Katzenwünschen, um es vorsichtig zu formulieren, nicht gerade wohlwollend eingestellt. Gab es doch in der Vergangenheit mehrfach hässliche Szenen, die für eine Katze so unangenehme Dinge wie lautes Gebrüll und in zwei Fällen sogar eine geschlossene Schlafzimmertür beinhalteten. Ist das nicht schockierend? Also wird zunächst in unmittelbarer Nähe eines der Ohren des Dosenöffners, 1,5 Zentimeter sind durchaus ausreichend, ein wohldosiertes Schnurrkonzert veranstaltet. Reagiert der Dosenöffner nach einer Zeit von zwei Minuten nicht auf dieses freundschaftliche Wecken oder stellt sich gar tot, müssen härtere Seiten aufgezogen werden. Deshalb wird jetzt unverzüglich mit einem gezielten Sprung auf den Unterleib des offensichtlich tauben Ignoranten der nächste Akt eingeläutet.

3. Akt: Penetrantes Trippeln auf der Bauchdecke oder noch besser im Genitalbereich weckt garantiert sowohl Tiefschläfer als auch Simulanten. Und schon wären wir beim finalen Akt.

4. Akt: Der Dosenöffner taumelt schlaftrunken in die Küche und kommt seinen Pflichten nach. Vorhang, kein Applaus. Und Pünktchen verneigt sich auch nicht.

Die Sache mit dem Rheuma

Wenn es um die Linderung von Rheuma, Ischias und Muskelschmerzen ging, schworen unsere Altvorderen auf die heilende Kraft von Katzenfellen. So hieß es beispielsweise in einem 1814 erschienen deutschen „*Warenlexikon*“: „*Die wilden Katzenfelle gebraucht der gemeine Mann gegen Flüsse und Gliederweh.*“ Ein Glaube, der sich teilweise noch heute hält. Tatsächlich wurden bis weit in die 1970er-Jahre hinein in deutschen Apotheken und Drogerien Katzenfelle als eine Art „*Rheumadecke*“ angeboten. Wissenschaftliche Beweise dafür, dass die Felle unserer Miezen eine lindernde oder gar heilende Wirkung bei rheumatischen Erkrankungen haben, existieren jedoch nicht.

Ganz im Gegenteil: Bei rheumatischen Beschwerden lindert trockene Wärme die Beschwerden. Katzenfelle spenden dagegen eher feuchte Wärme. Und die können Rheumatiker überhaupt nicht gebrauchen. Aber trocken hin, feucht her: Am 26. November 2007 haben die Agrarminister der Europäischen Union dem Fell-Spuk ein Ende gesetzt und ein Handelsverbot innerhalb der gesamten EU für Hunde- und Katzenfelle erlassen. Zuwiderhandlungen werden mit empfindlichen Geldstrafen geahndet. Die Katzen und Hunde werden es mit Freude vernommen haben.

Gäste unerwünscht

»Wenn Tiere sprechen könnten,
wäre der Hund ein ungeschickter Kamerad,
der unverblümt seine Meinung herausbellt,
während die Katze den seltenen Charme besitzt,
nie ein Wort zu viel zu sagen.«

Mark Twain

„Ich glaube, Eure Katze mag uns nicht!" „Warum schaut uns Pünktchen denn so grimmig an, wir haben ihr doch gar nichts getan?" „Puh, die sieht ja mal reichlich angefressen aus!" Das sind so in etwa die Statements, die wir zu hören bekommen, wenn Gäste bei uns erstmalig auf unsere Katze Pünktchen treffen.

Das Prozedere ist dabei stets das gleiche: Kaum hat es an der Tür geklingelt, flüchtet Pünktchen unter empörtem Maunzen in ihr altbewährtes Versteck unter dem Wohnzimmersofa. Von dort lässt sie in regelmäßigen Abständen eine Art bösartiges Knurren ertönen, dass der geneigte Tierkenner eher einem bis aufs Blut gereizten Rottweiler als einer sanftmütigen Hauskatze zuordnen würde.

Wir versuchen, diese nicht gerade freundlichen Geräusche mit sanfter Backgroundmusik zu überdecken. Die *„Dire Straits"* mit *„Brothers in Arms"* haben sich durchaus bewährt. Pünktchen selbst bleibt allerdings zunächst unsichtbar. Nach etwa zwei Stunden, wenn diese verdammten fremden Menschen ihr Revier unverschämterweise immer noch nicht verlassen haben, wird Pünktchen allerdings rasch aktiv. Sie krabbelt still und leise aus ihrem Versteck, setzt ihren bösen Blick auf, baut sich in etwa drei Metern Entfernung vor den überraschten Gästen auf und starrt diese mit einer Penetranz an, wie man sie sonst weltweit nur noch von fliegenden Händlern im Vorderen Orient kennt.

Und Pünktchens Blicke haben es in sich. Auch in Sachen Katzen ansonsten ziemlich unbedarfte Menschen erkennen sofort, dass diese Blicke, die noch immer einen gewissen bösartigen Touch haben, nur eine einzige Botschaft aussenden: *„Ihr seid hier unerwünscht! Verschwindet und zwar sofort! Das ist mein Zuhause und Ihr habt hier nichts, aber auch gar nichts verloren."*

Wird man von Pünktchen gnadenlos fixiert, schießt auch Nichtkatzenverstehern sofort als erster Gedanke ins Großhirn: *„Diese Katze denkt einzig und allein daran, wie sie mir massiv schaden könnte. Die will mich so richtig fertigmachen."* Die Erfahrung lehrt: Meist ist der erste Gedanke auch der richtige. In Sachen Bösartigkeit von Pünktchen ist es auf jeden Fall so.

Ab und zu versuchen wir, die Situation mit einer frommen Lüge zu entschärfen. Aber für Aussagen wie: *„Ich weiß gar nicht, was heute mit ihr los ist. Das hat sie noch nie gemacht"*, ernten wir meistens nur ein mitleidiges Lächeln. Haben uns unsere Gäste verlassen, werden wir von Pünktchen noch etwa zwei Stunden mit konsequenter Missachtung bestraft. Schließlich waren wir es, die die zweibeinigen Störenfriede in ihr Reich gelassen haben.

Bei ihr offensichtlich besonders unangenehmen Besuchern hat Pünktchen noch zwei reichlich unappetitliche Vorgehensweisen auf Lager. Attacke Nummer eins: gezieltes Auskotzen eines sogenannten *„Haarballens"* direkt vor die Füße des unerwünschten Besuchers. Gerade Damen haben hier sowohl mit der Optik als auch mit der Akustik ihre Probleme. Dabei handelt es sich beim *„Haareauskotzen"* eigentlich nur um einen Akt der Körperhygiene. Unsere Miezen verbringen ja bekanntermaßen viel Zeit und Mühe damit, ihr Fell mit der Zunge zu reinigen. Die ist aber mit hornigen kleinen Widerhaken versehen. Will heißen, die Samtpfoten verschlucken beim Putzvorgang ziemlich viele Haare. Durch die Magenbewegungen der Katze bildet sich aus den

Haaren und unverdaulichen Nahrungsbestandteilen ein sogenannter Haarballen, der für einen Stubentiger ziemlich unangenehm ist und daher von diesem durch anhaltendes Würgen wieder nach oben befördert wird. Aber, dass Pünktchen ausgerechnet dann Körperhygiene betreibt, wenn wir Besuch haben. Ein Tierarzt meinte einmal: Wenn sie sich quasi auf Befehl erbrechen kann, ist sie eine Künstlerin und Sie müssen das akzeptieren.

Bei der Gästeattacke Nummer zwei handelt es sich um das freudestrahlende Präsentieren einer selbstgefangenen Maus. Auch hier sind Damen ganz klar die bevorzugten Opfer. Hilft das nichts, wird die Maus einfach laufengelassen. Das lässt jegliche Unterhaltung verstummen. Die Simulation eines Asthmaanfalles, das hat Pünktchen mittlerweile gelernt, ist dagegen nur wenig zielführend. Ruft Sie bei den verhassten Besuchern doch lediglich Hilfsbereitschaft oder noch schlimmer Mitgefühl hervor.

Pünktchens strikte Ablehnung jeglicher Besucher erstreckt sich übrigens auch auf vierbeinige Gäste, wobei wir bei der Geschichte mit Freddy wären. Freddy ist der bereits etwas betagte Rauhaardackel unserer Freunde Ellen und Dirk, die wir zu einem gemütlichen Abendessen zu uns eingeladen hatten. Sie fragten höflich an, ob sie ihren Dackelrentner mitbringen dürften. Wir waren uns da nicht ganz sicher. Nicht, dass wir etwas gegen Hunde hätten. Was uns in Sachen Freddy so große Sorgen machte: Wie würden Pünktchen und Spikey in ihrem Revier auf einen fremden Hund reagieren? Würden sie ihn in ihrem Heim dulden, ihn attackieren oder mal wieder ein ganz großes Katzenkino veranstalten?

Nach reiflicher Prüfung beschlossen wir, einmal im Leben mutig zu sein, einmal etwas zu riskieren: Freddy wurde miteingeladen. Am Tag X lief auch alles prima: Nachdem Freddy diverse Leckerlis verputzt hatte, legte sich der ältere Hundeherr auf seine mitgebrachte Schmusedecke und hielt ein altersgerechtes Nickerchen. Dabei schnarchte er allerdings so laut, dass wir dachten, wir hätten einen Bullterrier zu Gast. Nach zwei Stunden Freddy-Schnarchkonzert traf Spikey von seinem allabendlichen Patrouillengang aus dem Garten ein, um sich für den Rest der Nacht noch einmal zu stärken. Allerdings traf er in der Küche statt auf sein gewohntes Tütchen *„Lachs in feiner Sauce“* völlig unvorbereitet auf den nichtsahnend vor sich hin schnarchenden Freddy.

Der interessierte Spikey jedoch herzlich wenig. Ja, er nahm den Eindringling noch nicht einmal richtig zur Kenntnis. Offensichtlich sah Spikey in Freddy keine ernsthafte Bedrohung. Von Pünktchen war dagegen überraschenderweise den ganzen Abend nichts zu sehen. Kein beleidigtes Gefauche unter dem Sofa, kein Spucken, kein Zickenterror, nichts.

„Ging eigentlich unheimlich gut“, meinte Katharina, nachdem Freddy samt Besitzer uns gegen 02.00 Uhr verlassen hatten. Das konnte man durchaus so sagen. Kein Blutvergießen, nichts war zu Bruch gegangen. Offensichtlich war zumindest eine temporäre Koexistenz zwischen unseren Katzen und fremden Hunden möglich.

Am nächsten Morgen wurden wir jedoch eines Besseren belehrt. An der Stelle, an der noch wenige Stunden zuvor Freddys Schmusedecke gelegen hatte, befand sich jetzt eine riesige Urinlache. Pünktchen hatte uns mal wieder unmissverständlich klar gemacht, wem wir Zugang zu ihrer Wohnung gewähren dürfen und wem nicht.

Freddy wird in Zukunft also nicht mehr zu unseren Gästen gehören. Eigentlich schade, denn Freddy ist ein ausgesprochen freundlicher Hund. Aber in Sachen Gäste sitzt Pünktchen einfach am längeren Hebel.

Und sie lieben uns doch!

Hunde sind menschenfixiert und treu wie Gold. Katzen dagegen sind nicht menschenfixiert, eigenwillig und eher unsozial. So lautet zumindest das gängige Klischee. Stimmt überhaupt nicht, sagt eine brandneue Studie der Universität Oregon aus dem Jahr 2017. Diese besagt, dass Katzen an ihren Dosenöffnern mehr interessiert sind als an ihren gefüllten Fressnäpfen. Um herauszufinden, wo die Vorlieben unserer Miezen wirklich liegen, haben die amerikanischen Wissenschaftler 50 verschiedene Katzen aus Privathaushalten und Tierheimen zunächst von allen sozialen Kontakten, aber auch vom Futter abgeschnitten. Nach rund zweieinhalb Stunden Isolation wurden die Miezen zeitgleich mit Reizen aus vier verschiedenen Kategorien konfrontiert – Menschen, Futter, Gerüchen sowie Spielzeug – und dabei beobachtet, was die Samtpfoten am meisten interessiert. Das Ergebnis des Experiments war eindeutig. Rund 50 Prozent der tierischen Probanden fühlten sich am meisten zu uns Menschen hingezogen, während sich – Überraschung, Überraschung – lediglich 37 Prozent in Richtung Fressnapf bewegten. Spielzeuge und Geruch hatten kaum Bedeutung.

Allerdings zeigten auch mehr als 10 Prozent der Versuchsmiezen ein geradezu verächtliches Interesse an allen dargebotenen Reizen, sodass ihre Daten von den Forschern nicht ausgewertet werden konnten. Da waren sie also wieder, die sturen, eigensinnigen Miezen.

Oh je, du fröhliche

»Die Katze ist das einzige vierbeinige Tier,
das den Menschen eingeredet hat, er müsse es erhalten,
es brauche aber nichts dafür zu tun.«

Kurt Tucholsky

„Bist Du Dir wirklich ganz sicher, dass Du auch dieses Jahr wieder einen Weihnachtsbaum aufstellen willst?“ Diese Frage stelle ich Katharina jedes Jahr, so gegen Mitte Dezember. Und immer ist diese Frage von einem tiefen Seufzer begleitet. Einem wirklich tiefen Seufzer. Das hat einen guten Grund: Für Katharina gibt es nichts Schöneres als einen festlich geschmückten Weihnachtsbaum. Leider sehen das Pünktchen und Spikey genauso. Für Pünktchen und Spikey ist so ein bunt geschmückter Baum ein Multifunktionsspielzeug der Extraklasse. Als Katze kann man mit einem Weihnachtsbaum und den dazugehörigen Accessoires nämlich eine ganze Menge anstellen. Aber vielleicht der Reihe nach:

Zunächst muss so ein neues Wohnzimmerobjekt, wie ein Weihnachtsbaum, natürlich in Besitz genommen, sprich markiert werden. Das heißt, an etwa zwei von drei Heiligabenden haben wir einen schönen, aber bestialisch stinkenden Weihnachtsbaum. Danach geht es auf eine ausgiebige Entdeckungstour, verbunden mit einem kleinen Wettbewerb: Wer kann zuerst die Spitze des Baumes erklimmen? Und da auch der stärkste Baum unter der Last von zwei Sechs-Kilo-Katzen nicht nur ins Wanken gerät, sondern auch umstürzt – im ersten Jahr haben wir das gleich viermal miterleben dürfen – ist unser Weihnachtsbaum seit ein paar Jahren besser gesichert als die Goldreserven der USA in Fort Knox. Dafür sorgen gleich drei Schnüre und eine Kette, mit denen der Baum mehrfach an der Heizung, einem Bücherregal und der Decke befestigt ist. Einen derart gesicherten

Baum kann noch nicht einmal eine Katze mit der Figur eines Sumoringers zu Fall bringen. Wirklich schön sieht so ein *„eingebundener"* Weihnachtsbaum nicht aus. *„Ist immer noch besser als gar keiner"*, meint die ewige Weihnachtsbaumfanatikerin Katharina. Auf echte Kerzen und Lametta verzichten wir aus Sicherheitsgründen sowieso schon seit vielen Jahren. Optisch ansprechende Christbaumkugeln aus Glas haben wir ebenfalls schon längst abgeschafft. Pünktchen und Spikey haben sie gleich reihenweise abgeräumt – auch die hundert Jahre alten handgeblasenen Kugeln aus dem Bayrischen Wald, auf die meine Eltern einst so stolz waren. So haben wir morgens oft einen kahlen Baum mit einem Trümmerfeld am Fuß vorgefunden.

Einmal hatte Pünktchen auch eine kräftig blutende Schnittwunde an ihrer rechten Vorderpfote. Finden Sie mal am ersten Weihnachtsfeiertag eine geöffnete Tierarztpraxis! Heute haben wir fürchterlich hässliche, aber bruchsichere Kugeln aus dem Baumarkt. Die werden von den Miezen zwar auch gepflückt, aber wenigstens muss man nicht jeden Morgen den Staubsauger bzw. das Verbandszeug rausholen. Wussten Sie übrigens, dass ansonsten ziemlich bewegungsunfreudige Katzen mit Weihnachtskugeln ausgesprochen gerne Fußball spielen?

Allerdings lässt sich nicht verhindern, dass der Weihnachtsbaum spätestens am zweiten Weihnachtsfeiertag aussieht, als wäre ein Tornado durch ihn durchgepflügt. Nach getaner Arbeit, sprich wenn der Weihnachtsbaum stark an eine völlig verrottete Vogelscheuche erinnert und es nichts mehr zu vernichten gibt, macht es sich Spikey gerne in der Krippe unter dem Weihnachtsbaum kommod. Kann man hier doch gemütlich auf dem künstlichen Moos liegen und dabei noch herrlich all diese hübschen Krippenfiguren besabbern und anknabbern. Folge: Mittlerweile sind sowohl Maria und Josef als auch ein Hirte bereits das zweite Mal ohne Kopf. Im Mittelalter hätte man eine Katze für ein solches Sakrileg exkommuniziert. Mindestens! Aber was wäre ein Weihnachten ohne Geschenke. Das gilt auch oder gerade für Katzen. Eine repräsentative Umfrage des renommierten Bremer Marktforschungsinstituts *„The Consumer View"* hat es an den Tag gebracht: 60 Prozent der deutschen Katzenbesitzer schenken ihren Samtpfoten etwas zu Weihnachten. Übrigens dicht gefolgt von den Besitzern von Hamstern oder Kaninchen (58 Prozent). Sogar 53 Prozent der Aquarianer beschenken ihre schuppigen Lieblinge zum Weihnachtsfest. Schließich haben Bello, Mieze und Co. in vielen Haushalten mittlerweile längst den Status eines vollwertigen Familienmitglieds erreicht. Ein Familienmitglied, das kein Geschenk unter dem festlich geschmückten Weihnachtsbaum vorfindet? Ein Familienmitglied, das beim Fest der Freude leer ausgeht? Undenkbar!

Ein kurzer Blick ins Internet zeigt, dass die Palette an Geschenken für Haustiere durchaus breit ist: Eine *„Katzenangel mit Schneemann"*? Oder vielleicht ein Hundesmoking für gerade mal 119 Euro. Wohlbetuchte Kunden aus Dubai greifen, dem Vernehmen nach, gerne zur üppig mit Swarovski-Kristallen bestickten Schmusedecke. Wer seinen vierbeinigen Liebling dagegen kulinarisch beglücken will, greift zu Leberwurstkeksen (Hund) oder *„Feiner Festtagspute in Aspik"* (Katze). Und für die Vorweihnachtszeit gibt es sogar einen *„Hundeadventskalender mit erlesenen Hundekeksen"*.

Derart von der Marktforschung unter Zugzwang gesetzt, wollte ich meinen deutschen Mitbürgern keineswegs nachstehen und beschloss letztes Jahr, unseren beiden Stubentigern Pünktchen und Spikey auch etwas Hübsches zum Fest der Liebe zukommen zu lassen. Meine erster Vorschlag, beiden eine, jeweils mit einer hübschen Schleife verzierte, lebende Maus aus der Zoohandlung meines Vertrauens unter den Weihnachtsbaum zu legen, stieß bei Katharina jedoch auf heftigen Widerstand: *„Wenn Du zusammen mit den beiden auf dem Balkon schlafen willst, kannst Du das gerne machen"*, lautete das vernichtende und überaus bedrohliche Urteil für meine Geschenkidee. Dabei hatte ich es doch so gut gemeint. Ist Weihnachten nicht das Fest der Nächstenliebe? Ich hatte sogar die einschlägige Fachliteratur zu Rate gezogen: Nach Ansicht von Psychologen dienen Weihnachtsgeschenke dazu, Beziehungen zu erhalten und zu stärken. Enorm wichtig ist dabei, dass es unter dem Christbaum zu einem gleichwertigen Geschenkeaustausch kommt. Lehrt doch die Erfahrung, dass es bei einem Präsent-Missverhältnis zu Katastrophen kommen kann, die ganz und gar nicht zum Fest der Liebe passen. Und hatten Pünktchen und Spikey uns nicht auch das ganze Jahr über mit einem bunten Strauß mehr oder weniger toter Mäuse beschenkt? Aber nein, auf mich hört hier ja keiner.

Letztendlich nahm, wie könnte es anders sein, Katharina die Geschenkauswahl für unsere Samtpfoten in ihre Hände und ließ dabei leider menschliche, beinahe hätte ich sogar gesagt weibliche Vorstellungen in ihre Geschenkauswahl einfließen. So fand Pünktchen ein Katzenkörbchen im schicken Rentierdesign auf dem Gabentisch vor, während Spikey sich an einem selbstgebastelten und daher etwas windschiefen Hänsel-und-Gretel-Knusperhäuschen aus ausgesuchten Katzenleckerlis erfreuen durfte.

Beides Geschenke, die bei unseren Stubentigern, vorsichtig formuliert, auf ganz wenig Gegenliebe stießen. Pünktchen legt sich mit pikiertem Gesicht nicht in, sondern vor das Designerkörbchen und Spikey strafte das selbstgebastelte Haus zum Essen, das durchaus auch in der zweiten Klasse einer Walddorfschule entstanden sein könnte, mit einer Missachtung, zu der nur eine wirklich angepisste Katze fähig ist.

Um wenigstens einen winzigen Rest weihnachtlichen Friedens zu retten, setzte ich auf kulinarische Köstlichkeiten und bot Spikey, der wie bereits erwähnt, ein enthusiastischer, aber völlig erfolgloser Taubenjäger ist, ein Stück vom Festtagsbraten an. Vielleicht konnte man ihm ja irgendwie klarmachen, dass es sich bei der so verführerisch duftenden Weihnachtsgans um eine, wenn auch reichlich tote, XXL-

Taube, sozusagen eine Megataube handelt. Aber in Sachen Weihnachtsmenü ließ sich Spikey nicht eine Sekunde lang täuschen. Er schnüffelte nur kurz verächtlich an der Gans, drehte sich um und wandte sich wieder seinem geliebten Trockenfutter zu.

Am Morgen des zweiten Weihnachtfeiertags fanden wir in und neben dem Designerkörbchen übrigens eine nicht sehr angenehm riechende gelbe Flüssigkeit vor. Gott verzeiht, Pünktchen nie. Und was lernen wir daraus? Mäuse mit Schleifchen sind vielleicht doch ein schönes Geschenk.

Einen Kater haben

„Ich habe einen gewaltigen Kater. Das kommt davon, wenn man zu tief ins Glas schaut.“ Bei dieser Redewendung stellt sich die Frage: Was haben Kopfschmerzen, Übelkeit und andere Beschwerden mit einem niedlichen Stubentiger zu tun? Im Internet geistert immer noch die Erklärung herum, dass die Redensart *„einen Kater haben“* auf einen berüchtigten Kater zurückgehen soll, der immer so laut miaut hat, dass sein armer Dosenöffner vom ständigen Lärm heftige Kopfschmerzen bekommen haben soll. Eine Erklärung, die durchaus einen gewissen Charme hat, aber natürlich Unfug ist. Mit einem echten Kater hat diese Redewendung absolut nichts zu tun. Dafür aber mit dem sächsischen Dialekt. Nicht nur Mediziner wissen, dass man nach einer feuchtfröhlichen Nacht mit reichlich Alkohol am nächsten Morgen ähnliche Beschwerden wie bei einer Schleimhautentzündung, die man bekanntermaßen *„Katarrh“* nennt, bekommen kann. Im Laufe der Zeit und bedingt durch die sächsische Aussprache wurde das Wort *„Katarrh“* letztendlich zu *„Kater“*.

Böller, Knaller und Raketen

»Die Katze ist nicht mein Gefangener,
sondern ein unabhängiges Wesen von fast gleichem Status,
das zufällig im selben Haus lebt wie ich.«
Konrad Lorenz

Am 31.12. findet bei uns am späten Nachmittag Jahr für Jahr das gleiche Prozedere statt: Wir bereiten uns sorgfältig auf den Jahreswechsel vor. Dabei spielen nicht wir, sondern unsere Katzen die entscheidende Rolle. Sozusagen ein tierisches *„Dinner for one"* – nur anstatt mit Miss Sophie und Butler James eben mit Pünktchen und Spikey in den Hauptrollen.

Das hat einen guten Grund: Silvester ist ja bekanntermaßen für die meisten Haus- und Zootiere eine echte Herausforderung, um nicht zu sagen eine Qual. Verantwortlich für diese Tatsache ist das Supergehör unserer Katzen. Denn in Sachen Hörvermögen spielen Mieze und Co. in der Champions League der Säugetiere. Katzen, so die Wissenschaft, hören rund dreimal besser als wir Menschen. Das gilt vor allem für die hohen Frequenzen. Dort sind die Samtpfoten deutlich besser aufgestellt. Während für uns Menschen bei rund 20000 Hertz Schluss ist, sind für Katzen Tonhöhen bis zu 70000 Hertz kein Problem.

Mit dieser Fähigkeit können Katzen Geräusche wahrnehmen, die uns Menschen regelrecht an den Ohren vorbeigehen, etwa das ängstliche Fiepen einer Maus oder die leisen Hilferufe eines Katzenbabys – und das aus bis zu 20 Metern Entfernung. Bei den tiefen Tönen sieht es bei den Miezen dagegen eher mau aus: Die tiefsten vom Menschen wahrnehmbaren Töne liegen bei 16 Hertz, Katzen schaffen dagegen nur 60 Hertz. Will heißen, Katzen leben in einer ganz anderen Geräuschwelt als wir Menschen. Eine Tatsache, die wir ab und zu sehr gut beobachten können, wenn wir unsere Samtpfoten etwas genauer unter die Lupe nehmen: Starrt eine Katze mit angespanntem Körper in eine Richtung, in der sich für uns rein blickmäßig überhaupt nichts abspielt, dann hört die Mieze mit hoher Wahrscheinlichkeit etwas, das sich nicht in unserem menschlichen Hörbereich abspielt.

Auch in Sachen Geräuschortung sind wir Menschen unseren Stubentigern hoffnungslos unterlegen. Eine Tatsache, die mit der Beweglichkeit der Ohren zusammenhängt. Bei uns Menschen ist die Ohrmuskulatur im Laufe der Evolution immer mehr verkümmert, vermutlich weil die Entwicklung unserer Sehkraft für uns, vor allem tagaktive Menschen von deutlich größerer Bedeutung war als ein gutes Gehör. Wer mit einer hervorragenden Sehkraft ausgestattet ist, für den ist ein präzises Richtungshören eben nicht mehr überlebenswichtig. Nicht so für eine Nachtjägerin wie die Katze. In der Dunkelheit kann man sich auf seine Sehkraft schließlich deutlich weniger verlassen. Um dieses Manko auszugleichen, ist ein präzises Richtungshören zum Orten verdächtiger Geräusche oder von Beutebewegungen unerlässlich. Genau für diese Fähigkeit sorgen die überaus beweglichen Ohren unserer Samtpfoten. Insgesamt 32 verschiedene Ohrmuskeln gewährleisten, dass Kitty und Co. ihre Ohren um bis zu 180 Grad drehen können und ihnen so leicht kein Geräusch entgeht.

Dieses Richtungshören geht so weit, dass Katzen sogar bei zwei direkt nebeneinandersitzenden Mäusen hören können, welche der beiden Mäuse ängstlich piepst und welche mit den Füßen scharrt. Für uns Menschen ist das ein Ding der Unmöglichkeit. Erschwerend hinzu kommt die Tatsache, dass die Katze ihre Ohren unabhängig voneinander bewegen kann. Diese Fähigkeit erlaubt es den Miezen, mit einem Ohr konzentriert dem Gesang eines Vogels zu lauschen, während sie mit dem anderen Ohr feststellen können, ob in der Küche möglicherweise wieder der Futternapf gefüllt wird. Übrigens: Katzen hören selbst im Tiefschlaf exzellent.

Kein Hund kann sich einer schlafenden Katze unbemerkt nähern. Allerdings bringt ein derart empfindliches und daher überragendes Gehör für unsere Miezen nicht nur Vor-, sondern auch Nachteile mit sich. So klingt eine normale Unterhaltung von uns Menschen in den überaus sensiblen Ohren der Samtpfoten wie lautes Geschrei. Eine voll aufgedrehte Stereoanlage mit wummernden Bässen produziert Töne, die für Katzenohren schlicht und einfach unzumutbar sind.

Der absolute akustische Megagau für Kitty und Co. ist aber mit Sicherheit Silvester mit der lauten, oft über Stunden andauernden Knallerei. Dazu kommen noch die zischenden und für Katzenaugen, ob ihres grellen Lichts, äußerst unangenehmen Raketen. Katzen hassen Silvester!

Natürlich haben wir in Sachen Miezen und Silvester unter anderem die einschlägige Fachliteratur studiert, um herauszufinden, inwieweit wir dazu beitragen können, dass unsere Samtpfoten die Knallerei einigermaßen gut überstehen. Besonders wichtig ist es nach Ansicht der Experten, geeignete Rückzugsorte zu schaffen. Viele Miezen suchen sich meist selbst ein ruhiges geschütztes Plätzchen unter dem Bett oder im Keller. Ablenkung ist auch gut. Normale Fernsehgeräusche oder ruhige Musik – natürlich Klassik – wirken entspannend und lenken wenigstens ein bisschen von der Knallerei ab. Rollläden nach unten, das dämpft den Lärm und hält auch das grelle Licht der Raketen draußen. Selbstverständlich sollte ein Katzenbesitzer auf ein eigenes Feuerwerk verzichten!

Aber man kann auch einiges falsch machen. So ist zum Beispiel die natürliche Reaktion eines liebvollen Dosenöffners, dass man seinen vierbeinigen Liebling in den Arm nimmt, ihn streichelt und beruhigend auf ihn einredet. Das ist aber genau verkehrt, sagen die Experten. Streicheln und gutes Zureden sendet die falschen Signale. Damit signalisiert man seiner Mieze, dass etwas nicht in Ordnung ist.

Und das ist ja kontraproduktiv. Also einfach in Ruhe lassen. Für Pünktchen richten wir daher mit schöner Regelmäßigkeit unter unserem Ehebett so eine Art *„Silvester-Überlebenscamp"* ein. Dort warten ihre Schmusedecke, natürlich aus Kaschmir – darunter macht es Pünktchen nicht –, ein bis zum Bersten mit ihrem Lieblingsfutter gefüllter Napf sowie zur Ablenkung reichlich Katzenspielzeug auf die Silvesterhasserin. Alle Ritzen, durch die möglicherweise Licht in Pünktchens Versteck eindringen könnte, wurden vorher sorgfältig mit Decken verhüllt. Lärmschutzkopfhörer für Katzen gibt es ja leider nicht. Vielleicht eine Geschäftsidee, mit der man in der berühmt-berüchtigten TV-Gründer-Show *„Die Höhle der Löwen"* ein Vermögen verdienen könnte. Wir behalten das mal im Hinterkopf.

Aber zurück zu Pünktchen. Pünktchen liegt, wie wir bei unseren halbstündigen Kontrollvisiten feststellen können, mit weitaufgerissenen Augen, flachangelegten Ohren, gesträubtem Fell und peitschendem Schwanz in ihrem mit viel Liebe ausgestatteten Versteck und ist keinerlei tröstenden Streicheleinheiten (ja, wir sollten es besser wissen!) zugänglich. Ab und zu ist auch ein tiefes Knurren bzw. jämmerliches Miauen unter den edlen Decken zu hören.

Das angebotene Lieblingsfutter wird konsequent verschmäht, das Spielzeug nicht angerührt. Allerdings gehen wir mit Pünktchen nicht so weit, wie die Tierärzte des Nürnberger Zoos bei ihrem Gorilla Fritz. Der hat eine derart massive Angst vor der Knallerei an Silvester, dass er dem Vernehmen nach bereits einige Tage vor Jahreswechsel einen Nerventee mit Melisse und Baldrian verabreicht bekommt.

So gegen 5 Uhr morgens, wenn die übelste Knallerei vorbei ist – so lange sind wir übrigens auch in die Katzenbetreuung eingespannt –, kommt Pünktchen aus ihrem Versteck hervor und frisst drei Portionen Trockenfutter. Dann verschwindet sie in den Garten bzw. ins Treppenhaus – nicht ohne uns mit einer ganzen Serie von empörten Blicken bedacht zu haben. Pünktchen macht offensichtlich ganz klar uns für Silvester verantwortlich. Aber gut, wir sind nichts anderes gewöhnt. Für Pünktchen sind wir eigentlich für alle Ärgernisse oder Katastrophen, die das Leben für eine Katze so bereithält, verantwortlich.

Ganz anders Spikey. Der bleibt bis kurz vor 12 Uhr völlig entspannt auf dem Sofa liegen. Business as usual also, um sich dann allerdings kurz vor dem Jahreswechsel in den Garten zu begeben. Und das, obwohl es bereits überall kracht und blitzt. Unser Unterhosenmodel ist offenbar, trotz unerträglicher Belästigung der Spitzohren, ein regelrechter Fan von Feuerwerk und Knallerei. Spikey ist, man glaubt es kaum, eine Art *„Rambo-Kater“*, den pünktlich zu Silvester offensichtlich die Abenteuerlust oder sogar eine versteckte Todessehnsucht packt. Hat er einen genetischen Defekt oder ist er – wir hatten schon mehrfach darüber gesprochen – wirklich nicht gerade die hellste Kerze auf der Torte? Ist er so dumm, dass er die Gefahr, in die er sich regelmäßig an Silvester um 23.50 Uhr begibt, gar nicht einschätzen kann? Fragen über Fragen!

Am Anfang haben wir die Katzenklappe in der Neujahrsnacht immer geschlossen gehalten. Zu groß erschien uns die Gefahr für einen Freigänger im Dauerfeuer von Böllern und Raketen. Aber als die Katzenklappe zu war, hat Spikey dermaßen randaliert, dass wir massiv um die Gesundheit von Kater und Katzenklappe fürchten mussten. Wir haben ihn dann schweren Herzens in die lebensfeindliche Silvesternacht ziehen lassen.

5 Uhr, das ist auch die Zeit, zu der Spikey von seinem nächtlichen Ausflug in die Silvesternacht zurückkommt. Er ist dann ziemlich aufgekratzt und ziemlich hungrig. Einmal hat er am Neujahrsmorgen sogar eine tote Maus mitgebracht.

Die sieben Leben einer Katze

Natürlich verfügen Katzen, wie alle anderen Tiere auch, nur über ein einziges Leben. Die Redensart von den sieben Leben, die einer Katze angeblich zur Verfügung stehen, ist vermutlich auf die Fähigkeit unserer Miezen zurückzuführen, Stürze, auch aus großer Höhe, relativ unbeschadet zu überstehen. Katzen verfügen über den sogenannten „*Stellreflex*". Ein Reflex, der es ihnen erlaubt, sich bei einem Sturz automatisch zu drehen und in die richtige Landeposition – sprich alle vier Füße nach unten – zu bringen. Aber warum ausgerechnet sieben Leben? Das hat etwas mit der christlichen Numerologie zu tun. Die Zahl Sieben steht dort für das Vollkommene, das Große, das Unfassbare. Diese Ziffer vereint die Zahl Drei der christlichen „*Heiligen Dreifaltigkeit*" mit der Vier der „*vier Elemente*". Die sieben Leben der Katze stehen damit in einer Reihe mit den sieben Tugenden, den sieben Todsünden, den Siebengescheiten oder den Siebenmeilenstiefeln. Eine Reihe, die sich fast beliebig fortsetzen lässt.

Von Glückskatzen und Glückskatern

»Ob eine schwarze Katze Unglück bringt oder nicht, hängt davon ab, ob man ein Mensch ist oder eine Maus.«

Max O'Rell

„Eine dreifarbige Katze schützt das Haus vor Feuer und anderem Unglück, die Menschen vor dem Fieber, löscht auch das Feuer, wenn man sie in dasselbe wirft, und heißt deshalb ‚Feuerkatze'. Wer sie ertränkt hat kein Glück mehr oder ist sieben Jahre lang unglücklich; wer sie totschlägt hat fernerhin kein Glück; wer sie schlägt muss es von hinten tun.“ So steht es in Brehms Tierleben, Ausgabe von 1893, Seite 426, zu lesen.

Bei uns in Deutschland heißen sie *„Glückskatzen“* oder *„Dreifarbenkatzen“*, in den USA *„money cats“* und in Japan *„Mi-Ke“*. Katzen, deren Fell ein sogenanntes *„Schildpattmuster“* bestehend aus den Farben Rot, Schwarz und Weiß aufweisen. Auf diese Tatsache spielt auch der *„Fachausdruck“* Tortie (von engl. tortoise shell, *„Schildkrötenpanzer“*) an. Katzen, die gleich drei unterschiedliche Fellfarben aufweisen, waren in der Vergangenheit äußerst selten und galten daher als sehr wertvoll. Und was wertvoll ist, bringt ja auch Glück. Das war zumindest die Meinung unserer Altvorderen.

So galt bereits im Mittelalter: *„Hat man eine Glückskatze im Haus, dann bleibt das Feuer fern.“* Mehr noch, viele Menschen waren damals fest davon überzeugt, dass schon allein die pure Anwesenheit einer Dreifarbenkatze ausreicht, um ein bereits brennendes Haus oder eine Scheune zu löschen. Auch in England war der Mythos *„Glückskatze“* weit verbreitet. Was uns Europäern recht war, war japanischen Seeleuten zumindest in der Vergangenheit billig. Im Land der aufgehenden Sonne stach früher so gut wie kein Schiff ohne eine Glückskatze an Bord in See. Die garantierte nämlich eine sichere Reise.

Dreifarbenkatzen eilt übrigens nicht nur der Ruf voraus, ihren Dosenöffnern Glück zu bringen, sondern sie gelten von Natur aus als besonders freundlich, ausgeglichen, geduldig und überhaupt nicht kontaktscheu – sozusagen ein Gegenentwurf zu Pünktchen.

Übrigens sind Glückskatzen fast ausschließlich weiblich. Glückskater dagegen sind äußerst selten, denn die Fellfarbe, „*Rot*" oder „*Schwarz*", ist bei unseren Miezen an das sogenannte X-Chromosom gebunden. Davon haben Kätzinnen zwei, während Kater ein X- und ein Y-Chromosom besitzen. Das heißt, nur Katzen, die zwei X-Chromosomen besitzen, können eine dreifarbige Katze werden, sofern noch eine weiße Scheckung hinzukommt. Kater sind dagegen mangels eines zweiten X-Chromosoms im Normalfall fast immer einfarbig. Allerdings besitzt einer unter 3000 Katern ein zusätzliches X-Chromosom. Will heißen, er hat zwei X- und ein Y-Chromosom. Dann kann es wie bei einer Kätzin zu einem Fleckenmuster kommen. Aber dieser Kater zahlt einen hohen Preis für seine Glücksfärbung. Glückskater sind fast immer unfruchtbar.

Auch in unserer Naschbarschaft lebt eine Glückskatze. Viviana, so der Name der bereits etwas betagten und daher schon leicht räudig aussehenden Katzenlady, pflegt mit Spikey ein überaus freundliches Verhältnis. Ab und zu bringt Spikey Viviana auch mit nach Hause. Nein, nicht, was Sie jetzt wieder denken. Bei der Beziehung der beiden handelt es sich eben nicht um ein sexuelles Verhältnis, sondern um eine Art platonische Liebe, die sich auf ausgiebiges gegenseitiges „*Am-Hintern-Schnüffeln*" beschränkt. Der Besitzer der Glückskatze, ein frühpensionierter Lehrer, der mit dem Namen Viviana (lat. die Lebhafte) sicherlich mehr als deutlich seine Zugehörigkeit zum gehobenen Bildungsbürgertum demonstrieren wollte, kann Spikey auf den Tod nicht ausstehen. Dabei sind dessen Absichten durchaus lauter.

Maneki-neko

Katzen gelten vor allem im traditionellen Japan als echtes Glücksymbol und werden daher gerade in der Kunst in vielen unterschiedlichen Formen dargestellt. Geradezu Kult ist dabei die Maneki-neko, ein Glücksbringer in Gestalt einer auf den Hinterbeinen sitzenden Katze, die den Betrachter mit mobiler Pfote herbeiwinkt. Lebendes Vorbild für die Maneki-neko ist die Katzenrasse *„Japanese Bobtail"*, die zu Beginn des 17. Jahrhunderts am japanischen Kaiserhof gehalten und gezüchtet wurde. Die dreifarbigen Katzen galten einst als Wiedergeburt der Gnadengöttin Kannon und werden auch heute noch in Japan als echte Glücksbringer angesehen. Ursprünglich wurden die Maneki-neko-Figuren aus glasierter und bemalter Keramik hergestellt.

Heute werden Maneki-nekos nicht mehr aus edlem Porzellan hergestellt, sondern entstehen in industrieller Massenfertigung aus schnödem Plastik. Die Figuren sind in ihrem Inneren mit einem batteriebetriebenen Mechanismus versehen, der den erhobenen Arm der Katze nahezu unaufhörlich auf- und abschwingen lässt. Böse Zungen sprechen vom *„Dauer-Hitlergruß"*. Aber Katzen, auch solche aus Plastik, mögen vieles sein – Nazis sind sie nicht. Die mit beweglichem Arm ausgestatteten Figuren sollen in den Schaufenstern von Restaurants, Fast-Food-Läden, aber auch Lotterien und Bordellen dafür sorgen, dass die geneigte Kundschaft niemals ausbleibt.

Von entscheidender Bedeutung ist auch der Arm, mit dem die Maneki-neko winkt. Eine erhobene linke Pfote soll möglichst viele Kunden herbeiwinken, eine erhobene rechte Pfote soll Glück und Reichtum bringen. Dabei gilt: Je höher die Pfote erhoben wird, desto größer die zu erzielende Wirkung.

Es gibt sogar Katzen, die beide Pfoten erheben. Eine Pose, die jedoch als übertrieben und vulgär gilt und deshalb bei japanischen Traditionalisten nicht so gern gesehen wird.

Die Diät

»Jeder, der eine Weile mit Katzen zusammengelebt hat, weiß, dass sie unendlich viel Geduld mit den Grenzen des menschlichen Verstandes haben.«

Cleveland Amory

„Findest Du eigentlich nicht, dass sie in letzter Zeit ziemlich dick geworden ist?“ fragte Katharina, nachdem Pünktchen gerade mal wieder locker eine XXL-Portion Trockenfutter ohne Punkt und Komma heruntergeschlungen hatte. Gut, ich hätte jetzt nicht gerade von dick, sondern vielleicht eher von etwas füllig gesprochen, aber im Kern schien mir Katharina durchaus Recht zu haben. Auf ein vermeintlich üppiges Winterfell ließ sich Pünktchens Figur nun wirklich nicht mehr schieben. Irgendwie war unser einst so schlankes Pünktchen zu einem mehr als stattlichen Doppelpunkt mutiert. Hier war dringend der Gang zur Waage angesagt, der Erschreckendes zutage förderte: Pünktchen brachte stolze 6,5 Kilogramm auf die Waage. Viel zu viel für eine Katzendame im besten Alter. Damit war klar: Pünktchen musste auf Diät gesetzt werden. Eine Entscheidung, die uns, soviel sei jetzt schon verraten, schlaflose Nächte, graue Haare und die eine oder andere mittlere Ehekrise bescheren sollte. Und das, obwohl wir uns geradezu generalstabsmäßig auf den Tag X vorbereitet hatten.

Wir hatten uns beim Tierarzt informiert, die einschlägige Fachliteratur studiert und ausgiebig das Für und Wider verschiedener Vorgehensweisen diskutiert. Letztendlich beschlossen wir statt FDH auf Vielfalt zu setzen und besorgten beim Tierfutter-Diskounter von 7 unterschiedlichen Herstellern 28 verschiedene Diätfertiggerichte für Katzen mit gefühlten 35 Geschmacksrichtungen. Dabei lernten wir eine ganze Menge in Sachen Katzendiät.

So gibt es beispielsweise einen klaren Unterschied zwischen *„Diät-"* und sogenanntem *„Lightfutter"*. Während Lightfutter sich in der Regel nicht zum Abnehmen, sondern eher zur Vorbeugung gegen Übergewicht, beispielsweise nach einer Kastration, oder zum Halten des Idealgewichts eignet, dient Diätfutter der mehr oder weniger schnellen Reduktion des Übergewichts. Der Begriff Diätfutter ist rechtlich geschützt und muss laut Futtermittelrecht bestimmte Qualitätskriterien erfüllen. Es gibt, man glaubt es kaum, sogar eine EU-Richtlinie, die vorgibt, was bei welchen Indikationen zulässig ist und welche Angaben auf der Verpackung gemacht werden dürfen bzw. müssen. Beispielsweise müssen auf einem Diätfutter zur Reduktion von Übergewicht der Energiegehalt und die empfohlene Fütterungsmenge angegeben werden. Folgt man den Herstellern, dann ist Diätfutter energie- und fettreduziert, enthält aber viele wertvolle Proteine für den Muskelerhalt und -aufbau und hat einen hohen Ballaststoffgehalt für ein lang anhaltendes Sättigungsgefühl. Selbstverständlich sind die stets nach neuesten wissenschaftlichen Kriterien entwickelten Diätfutter derart zusammengesetzt, dass es nicht zum, auch bei uns Menschen so gefürchteten Jo-Jo-Effekt kommt.

Die Inhaltsangabe der Diätdöschen bzw. Diättütchen liest sich meist wie die Speisekarte eines Sternerestaurants. So können mehr oder weniger abnehmfreudige Miezen bzw. ihre Dosenöffner allein beim Thunfisch (*„schmackhaft, aber dennoch kalorienarm"*) zwischen *„Östlichem kleinen Thunfisch"*, *„Skip Jack Thunfisch"*, *„Tongol Thunfisch"* oder *„Hühnerbrust mit Bonito Thunfisch"* wählen. Apropos Sternerestaurant: Ganz billig ist das alles nicht. Aber natürlich schaut man, wenn es um die Gesundheit seiner Katze geht, nicht auf den Preis. Mag er auch noch so üppig sein.

Nochmals: 28 verschiedene Diätfertiggerichte für Katzen mit gefühlten 35 Geschmacksrichtungen. Da würde ja wohl etwas für das wählerische Pünktchen dabei sein.

Pustekuchen! Pünktchen verweigerte hartnäckig den Verzehr jeglicher Diätnahrung. Wir blieben hart. Diätfutter oder gar keines, war die angesagte Strategie. Pünktchen entschied sich für Hungerstreik. Erstaunlicherweise ergaben jedoch halbtägliche Kontrollwiegungen von Pünktchen keinerlei Gewichtsabnahme.

Das Ganze ging so lange, bis uns eine Nachbarin darüber informierte, dass Pünktchen sich in letzter Zeit regelmäßig aus dem Fressnapf ihres Rauhaardackels Urmel bediente. Der nahm nämlich sein Fresschen ausschließlich (Dackel neigen wie Katzen zu, sagen wir es einmal nett, *„Sonderwünschen“*) *„open air“* auf der Terrasse im ersten Stock ein. Das war dann das Ende aller Diätbemühungen. Wir waren von Pünktchen vernichtend geschlagen worden. Wir bzw. ein triumphierendes Pünktchen kehrten wieder zu Normalnahrung zurück.

Aber dann geschah das große Katzenwunder. Im nächsten halben Jahr legte Pünktchen nicht ein einziges Gramm zu. Im Gegenteil, sie hat sogar stolze 300 Gramm abgenommen. Diese durchaus verblüffende Tatsache ließ gleich mehrere Interpretationsmöglichkeiten zu.

„Wahrscheinlich hat sie eingesehen, dass weniger fressen viel gesünder für sie ist“, meinte meine Frau, die für eine Juristin ein geradezu sensationelles Vertrauen in das Gute im Menschen bzw. in der Katze hat. Für so eine Aussage hat Pünktchen nur ein müdes Schnurren übrig.

Warum gibt es eigentlich kein Katzenfutter mit Mäusegeschmack?

Schon unsere allerjüngsten Sprösslinge lernen es im Kindergarten: *„Katzen fressen für ihr Leben gern Mäuse."* Aber wenn wir uns beim Tierfutterdiscounter oder im entsprechenden Fachgeschäft umschauen, stoßen wir auf Katzenfutter auf Hühner-, Puten-, Thunfisch-, Rind- und Kälberbasis. Katzenfutter mit Mäusegeschmack finden wir dort jedoch nicht.

Warum also gibt es kein Katzenfutter auf Mäusebasis? Des Rätsels Lösung ist relativ einfach: *„Maus in der Dose"* kommt nicht in die Regale, da die Katzenfutterhersteller nur Schlachtabfälle und Fleisch von Tieren verarbeiten, das nicht für den menschlichen Verzehr geeignet ist. Mäuse aber müssten extra für diesen Zweck gezüchtet und dann geschlachtet werden. Das ist in fast allen europäischen Ländern per Gesetz verboten. Außerdem würde sich eine Mäusezucht zur Herstellung von Katzenfutter auch wirtschaftlich überhaupt nicht lohnen. Um als ökonomisch einigermaßen sinnvoll verwertbares *„Schlachtvieh"* zu dienen, sind Mäuse viel zu klein. Das ist der Grund, warum sich Muschi und Co. entweder selbst auf die Mäusejagd begeben oder sich eben mit Rind-, Hühner- oder Fischfleisch aus der Dose zufrieden geben müssen. Einige Wissenschaftler vertreten sogar die Meinung, dass unsere Miezen auf *„Maus aus der Dose"* gar nicht sonderlich scharf wären, da sie die kleinen Nager vor allem deshalb lieben, weil sie ihren Jagd- und Spieltrieb wecken – und nicht etwa, weil eine Maus für eine Katze, kulinarisch gesehen, das Nonplusultra darstellt

Killer mit Kulleraugen

»Der wesentliche Unterschied zwischen einer Katze und einer Lüge besteht darin, dass eine Katze nur neun Leben hat.«

Mark Twain

PR-mäßig haben es unsere Miezen manchmal nicht gerade leicht. So tauchen auch in den überregionalen Medien in regelmäßigen Abständen immer wieder Artikel auf, bei denen die Samtpfoten alles andere als gut wegkommen. „*Killer mit Kulleraugen*“, „*Ist die Katze das Ende der Artenvielfalt?*“, „*Rotten Katzen Singvögel aus?*“ oder gar „*Süße Miezekatze ist in Wahrheit ein mörderisches Monster*“ lauten beispielsweise die meist ziemlich provokativen Headlines. Nahezu alle dieser Artikel beziehen sich auf eine Studie, die das renommierte „*Smithonian Institute*“ in Washington 2011 erstellt hat.

Nach dieser Studie töten die rund 84 Millionen Hauskatzen, fast alles Freigänger, die im Land der unbegrenzten Möglichkeiten zu Hause sind, jedes Jahr unglaubliche 3,7 Milliarden Vögel. Bei uns in Deutschland gibt es keine verlässliche Studie über die Anzahl von Vögeln, die jährlich Katzen zum Opfer fallen.

Aber Schweizer Wissenschaftler haben, anhand von in der Schweiz ermittelten Daten, hochgerechnet, dass freilaufende Katzen in Mitteleuropa pro Jahr im Durchschnitt je etwa 25 Vögel töten. Das heißt, eine Katze tötet etwa alle 2 Wochen einen Vogel. In Deutschland gibt es etwa 13 Millionen Katzen, von denen etwa 75 Prozent Freigänger sind – will heißen, von denen eine potenzielle Gefahr für Vögel ausgeht. Übertragen wir jetzt die Daten der Schweizer Wissenschaftler auf Deutschland, würde das bedeuten, dass deutsche Katzen pro Jahr 225 Millionen Vögel töten. Nachdem diese Zahlen bekannt wurden, forderten Vogelschützer sofort vehement, allen Hauskatzen den Freigang komplett zu streichen: *„Die vielen Katzen im Siedlungsbereich rotten sonst unsere Singvögel aus.“* Die Katzenlobby sieht das naturgemäß etwas anders: *„Das ist doch alles Quatsch, unsere Miezen, sofern sie überhaupt Freigänger sind, erwischen doch, wenn überhaupt, nur die Vögel, die alt und krank sind.“*

Erstaunlicher- und auch erfreulicherweise sieht der Naturschutzbund Deutschland (NABU) die Katzen-Vogel-Problematik wohltuend differenziert. Nach Ansicht der Naturschützer ist der normale Stubentiger keine große Gefahr für die heimische Vogelwelt. Schließlich füllen auch die wildesten Freigänger unter unseren Miezen ihren Magen bevorzugt am heimischen Futternapf. Vögeljagen findet bei normalen Hauskatzen, man traut es sich kaum zu sagen, *„nur“* als eine Art spannende Freizeitgestaltung statt.

Anders stellt sich die Situation bei den rund zwei Millionen verwilderten Hauskatzen, die es in Deutschland gibt, dar. Die können nicht auf Whiskas und Co. zurückgreifen, sondern müssen sich ihren Lebensunterhalt in der freien Natur verdienen. Daher decken sie ihren Kalorienbedarf ausschließlich über menschliche Abfälle und Kleintiere, wie Mäuse oder eben Vögel.

Die wichtigste Maßnahme, um die Vogelwelt zu entlasten, wäre deshalb sicherlich, möglichst viele dieser zwei Millionen wildlebenden Katzen zu fangen und zu sterilisieren, damit sie sich nicht noch weiter vermehren können, sondern ihre Zahl reduziert wird. Einige deutsche Städte sind durchaus schon aktiv geworden – zum Beispiel Düsseldorf, Braunschweig oder Wolfsburg. Dort besteht für Katzen Kastrationspflicht. Wer sich weigert, muss mit einem Bußgeld von bis zu 5000 Euro rechnen. Außerdem müssen Katzen hier einen Chip tragen, damit Fundtiere später ihren Besitzern zugeordnet werden können.

Bei uns sieht es – zumindest heute – in Sachen Vogelmord gar nicht schlecht aus. Über Spikeys nur äußerst mangelhafte Vogelfangfähigkeiten haben wir bereits gesprochen. Spikey hat in mittlerweile 17 Jahren noch nie einen Vogel nach Hause gebracht.

Anders Pünktchen: In ihrer Hochzeit als Freigängerin war Pünktchen tatsächlich so eine Art Vogel-Serien-Killer. Meist schleppte sie nachts eine halbtote Amsel ins Haus, um mit dem armen Tier noch ausgiebig zu *„spielen"*, bevor es zur Mahlzeit mutierte. Mit ausgiebig meine ich bis zu zwei Stunden. Bevorzugter Spielplatz bzw. das *„Vogel-Guantanamo"* war dabei stets die Küche. Hier hatte Pünktchen offensichtlich die Sicherheit, Ruhe und Muße für ihre Folteraktionen, die fern des heimischen Herdes nicht gegeben waren. Versuche ihrer durch das erbärmliche Gepiepse der Folteropfer geweckten Dosenöffner helfend einzuschreiten, wurden von Pünktchen meist schon im Keim erstickt. Pünktchen flüchtete einfach samt Beute in einen anderen Raum.

Dieses Spiel konnte sie unendlich fortsetzen. Wir trösteten uns mit dem Gedanken, dass es der Amsel bald im Vogelhimmel deutlich besser gehen würde. Warum Pünktchen manche Vögel fast komplett verzehrt hat, andere dagegen nahezu achtlos liegen ließ, entzieht sich meiner Kenntnis. An der Vogelart konnte es nicht liegen.

Es gab offensichtlich Amseln, die Pünktchen ganz ausgezeichnet schmeckten, während andere Exemplare offensichtlich nicht Pünktchens Gusto entsprachen. Aber Pünktchens kulinarische Vorlieben waren uns ja schon immer ein Rätsel.

Im Alter von etwa neun Jahren war Pünktchens *„Vogelfangphase"* abrupt zu Ende. Keine Kadaver mehr in der Küche, keine Federn mehr im Flur. Die Gründe für diese überaus erfreuliche Tatsache liegen im Dunkeln.

Mäuse hat Pünktchen dagegen weiterhin gebracht. Viele Mäuse.

Nahezu täglich hat sie einen der bedauernswerten Nager angeschleppt. Oft hat sie die bereits ein bisschen toten Mäuse einfach links liegen gelassen. *„Sheba feiner Lachs“* schmeckt halt doch besser als eine stinknormale Maus.

Bei diesen *„angeknackten“* Mäusen standen wir immer vor einem großen Dilemma: Wollten wir eine dieser übel zugerichteten Mäuse vor Pünktchen in Sicherheit bringen und sie wieder im Garten aussetzen, hatte das meist wenig Sinn. Häufig kamen die durch ihre Verletzungen doch arg gehandicapten Opfer innerhalb weniger Stunden retour – und zwar quer im Maul von Pünktchen.

Die unerfreuliche Alternative, bei den Mäusen *„aktive Sterbehilfe“* zu leisten und dafür zu sorgen, dass die Nager möglichst schmerzfrei in den Mäusehimmel kommen, blieb an mir hängen. Tote und halbtote Mäuse und Vögel fielen immer in meinen Aufgabenbereich.

Wie diese Sterbehilfe aussah? Das wollen Sie mit Sicherheit nicht im Detail wissen! Katharina, die sonst bei uns für geordnete Verhältnisse sorgt, verweigerte hier jegliche Mitarbeit. *„Ich kann so was nicht und außerdem sind es Deine Katzen“*, sagte Katharina dann immer.

Wer über einen eigenen Garten verfügt, kann durchaus etwas zum Schutz der Singvögel vor Katzen tun. Um Katzen etwa von Vogelnestern oder Nistkästen in Bäumen fernzuhalten, kann man die entsprechenden Baumstämme mit breiten Abwehrmanschetten aus Blech oder Kunststoff versehen. Aber bitte keinen Stacheldraht verwenden, da könnten sich Katzen oder auch Eichhörnchen schwer verletzen.

Futterhäuschen und Vogeltränken sollten mindestens zwei Meter vom nächsten Gebüsch entfernt aufgestellt werden, dann können sich Katzen nicht unbemerkt anschleichen.

Immer einen Versuch wert ist der Einsatz von sogenannten *„Verpiss-dich-Pflanzen"*. Diese zu den Lippenblütlern gehörenden Pflanzen verströmen Duftstoffe, die für den Menschen beinahe geruchlos, für Katzen aber äußerst unangenehm sind.

Das Umhängen eines Glöckchens ist keine gute Lösung: Erstens werden durch das Glöckchen nur die erwachsenen Vögel gewarnt, die ohnehin von den Katzen nur selten erwischt werden. Nestlinge und Jungvögel, die noch hilflos bzw. unerfahren sind, werden durch das Glöckchen dagegen nicht gerettet. Zweitens wird das Dauergebimmel eines Glöckchens von den empfindlichen Katzenohren als sehr unangenehm empfunden. Drittens besteht bei Katzen, die ein Glöckchen am Halsband tragen, immer die Gefahr, dass sie mit dem Halsband an einem Zaun hängenbleiben und sich bei den Befreiungsversuchen verletzen oder sogar strangulieren.

Ein ebenso unsinniger Rat ist es, die Katzen in der Brutzeit der Vögel, das heißt vor allem in den Monaten April, Mai und Juni, nicht aus dem Haus zu lassen.

Gerade ein Kater, der regelmäßigen Freigang gewohnt ist und beispielsweise ein Revier zu verteidigen hat, wird im Fall einer Ausgangsverweigerung mit wütenden und hartnäckigen Protesten aller Art den häuslichen Frieden massiv stören.

Tierarzt reloaded

»Gott erschuf die Katze,
damit der Mensch einen Tiger zum Streicheln hat.«
Victor Hugo

„Oh Gott, es ist Pünktchen.“ So oder ähnlich werden Pünktchen und ich mit schöner Regelmäßigkeit bei Pünktchens jährlich anfallender Impfung nebst Gesundheitsinspektion am Empfangstresen der Tierarztpraxis Dr. Göhler begrüßt. Ein einziger Blick der sonst so freundlichen Empfangsdame in den Katzenkorb genügt, und schon gehören Pünktchen und ihr Körbchen schleppender Dosenöffner zu den Aussätzigen dieser Welt. Das hat, zumindest was Pünktchen betrifft, auch einen guten Grund. Jede der Arzthelferinnen hat in der Vergangenheit trotz größter Vorsicht schon einmal nähere Bekanntschaft mit Pünktchens Zähnen oder Krallen gemacht.

Rekordhalterin unter den *„Pünktchen-Geschädigten“* ist eine dunkelblonde Schwäbin namens Brigitte, die von Pünktchen bisher insgesamt dreimal gekratzt und einmal gebissen wurde. Bei einer derartigen Vergangenheit ist klar, dass die Zeiten vorbei sind, in denen ich mit einem eilig am nächsten Tag überreichten Blumenstrauß bei Brigitte noch eine gewisse Schadensbegrenzung betreiben konnte.

Vorläufiges Fazit: Pünktchen erfreut sich beim Personal der Tierarztpraxis Göhler in etwa der Beliebtheit, mit der ein Pferdemetzger auf einem Veganertreffen rechnen darf. In Behandlungszimmer 2 – Behandlungszimmer 1 ist für Hunde und Kaninchen reserviert – wartet bereits Dr. Göhler mit gleich drei reichlich unglücklich dreinschauenden Helferinnen auf uns. Ein bösartiges Knurren aus dem Katzenkorb trägt übrigens keineswegs zur Verbesserung der allgemein schlechten Stimmung bei.

Jetzt erfolgt der Tragödie erster Teil: Pünktchen muss aus dem Katzenkorb gehoben werden. Ein Bemühen, das von Pünktchen sofort durch flaches Anpressen auf den Boden, begleitet von einem Gebrüll, das auch einem angeschossenen Königstiger gut zu Gesicht stehen würde, gekontert wird. Ist die renitente Patientin nach einer gefühlten Viertelstunde endlich aus dem Korb draußen, heißt es schnell und beherzt zufassen. Werden dabei lediglich zwei Helferinnen gekratzt, ist das durchaus bereits als Erfolg zu werten. Nebenbei bemerkt: Pünktchen hat auch schon mal locker einen schützenden Lederhandschuh durchbissen.

Am Anfang ihrer *„Tierarztkarriere"* kam Pünktchen auch mehrmals in einen sogenannten *„Katzensack"*. *„Ein Katzensack ist"*, ich darf hier einmal einen Hersteller zitieren, *„eine Zwangstasche für Katzen während der tierärztlichen Behandlung. Der Zwangssack kann sowohl bei sehr wehrhaften Tieren eingesetzt werden als auch bei Katzen, die sich einer Fixierung durch tiermedizinische Fachangestellte entziehen möchten."* Aha! Offensichtlich hatten die Hersteller des Katzensacks bei der Konstruktion der Zwangstasche explizit an Pünktchen gedacht. Erst einmal immobilisiert – egal ob mit oder ohne Katzensack – hat Pünktchen allerdings noch zwei Pfeile im Köcher: Gezieltes Spucken bei hoher Trefferquote oder Simulation eines epileptischen Anfalls in der Hoffnung, dass eine Helferin doch mal loslässt. Ist der medizinische Check endlich überstanden, verschwindet Pünktchen mit einer Geschwindigkeit, die auch einen Usain Bolt erblassen lassen würde, wieder selbstständig in ihrem Körbchen. Allerdings nicht, ohne vorher noch alle Beteiligten mit einem Blick bedacht zu haben, der nur allzu deutlich verheißt: *„Beim nächsten Mal erwische ich euch alle!"* Das ihr nach der Behandlung von einem sichtlich erschöpften, aber aufatmenden Veterinärmediziner angebotene Leckerli weist Pünktchen übrigens stets mit einem gehässigen Zischen zurück. Käuflich ist sie nicht, na ja, zumindest nicht von einem Tierarzt.

Einmal musste Pünktchen zur *„Beobachtung“* ihrer anhaltenden Magendarmprobleme stationär in der Tierklinik aufgenommen werden. Will heißen, sie musste auch die Nacht dort verbringen. Eigentlich hatten wir schon im Vorfeld vermutet, dass das nicht gut gehen konnte. Es ging auch nicht gut: Noch am gleichen Abend, so gegen 22.30 Uhr, erhielten wir einen Anruf der diensthabenden Praxishelferin, wir möchten doch bitte unser Pünktchen sofort abholen.

Für diese geforderte Pünktchen-Rückholaktion gab es auch einen guten Grund. Pünktchen war in der Krankenstation, wenn natürlich auch in einer anderen Box, in unmittelbarer Nähe eines sehr großen und obendrein noch ziemlich außergewöhnlichen tierischen Patienten untergebracht worden: einem Schwan, der sich den Flügel gebrochen hatte. Und mit diesem Schwan war offensichtlich überhaupt nicht gut Kirschen essen. Durch permanentes Fauchen und Zischen zeigte der Wasservogel deutlich, dass er seine Nacht lieber im heimischen Teich als in einer Gitterbox in einer Tierklinik verbringen wollte. Dieses permanente Zischen und Fauchen jagte unserem sonst so furchtlosen Pünktchen offensichtlich eine Heidenangst ein. Sie randalierte derart in ihrem Käfig, dass das Praxispersonal Angst hatte, sie könnte sich ernsthaft verletzen. Also haben wir sie mitten in der Nacht wieder abgeholt.

Dann geschah das große Wunder. Zuhause angekommen, versteckte sich Pünktchen, wie zu erwarten gewesen wäre, nicht beleidigt unter dem Sofa, sondern zeigte zum ersten und einzigen Mal so etwas wie Dankbarkeit: Sie gab uns beiden nicht nur unter wohligem Schnurren zärtlich Köpfchen, sondern sprang mir auf den Schoss und wollte gar nicht mehr aufhören, mich sanft mit liebevollen *„Milchtritten“* zu traktieren.

Katharina, die solche Vorkommnisse deutlich pragmatischer sieht als ich, hat dann sofort den möglicherweise sogar ernst gemeinten Vorschlag gemacht, umgehend einen Schwan als vollwertiges Familienmitglied in den Haushalt aufzunehmen – sozusagen als permanente erzieherische Maßnahme. Aber eine derartige Höchststrafe würde ich gegen Pünktchen niemals verhängen. Außerdem, so hat eine kurze Recherche im Internet ergeben, beißen, aus welchen Gründen auch immer, angefressene Schwäne durchaus auch Menschen.

Ganz anders Spikey. Der hasst zwar die Autofahrt zur Tierarztpraxis wie die Pest und schreit während der läppischen zehn Minuten Fahrt, als hätte man ihm lebenslang das Trockenfutter gestrichen. Beim Tierarzt angekommen, verhält er sich jedoch vorbildlich und wird deshalb vom Praxispersonal auch äußerst wohlwollend empfangen. *„Hach, der Süße ist wieder da, was ist er doch für ein Hübscher!“* Auf dem Behandlungstisch angelangt, begrüßt der alte Schleimer Tierarzt und Helferinnen dann mit einem plump vertraulichen Köpfchengeben und lässt Untersuchungen jeglicher Art klaglos und oft auch noch mit steil nach oben gerichtetem Schwanz über sich ergehen. Auch Röntgenuntersuchungen, die Königsdisziplin einer jeden Tierarztpraxis, sind bei Spikey kein Problem. Müssen andere Katzen von zwei Helferinnen an Armen und Beinen, wie auf einer Art Streckbank, unter den Röntgenapparat gezerrt werden, legt sich Spikey selbstständig auf die Seite und wartet entspannt und mit einem milden Interesse, was noch so alles kommen mag. Angst sieht anders aus.

Ungemütlich wird er lediglich, wenn seine Körpertemperatur mithilfe eines Fieberthermometers in seinem Allerwertesten ermittelt werden soll. Analphobie nennt man das, glaube ich, in Fachkreisen. Dann wird gebissen und gekratzt, was das Zeug hält. Nach der Behandlung kassiert er freudestrahlend vom Tierarzt seine Belohnungsleckerlis und verlässt die Praxis genauso entspannt, wie er sie betreten hat. Fehlt nur noch, dass er Arzt und Helferinnen beim Abschied die Pfote gibt. Auf der Rückfahrt im Auto randaliert er dann allerdings wieder.

In Sachen Tierarzt müssen wir noch über die *„Kammer des Schreckens"* alias das Wartezimmer sprechen. Dort herrscht, selbst wenn es völlig überfüllt ist, üblicherweise eine geradezu gespenstische Grabesstille. So auch neulich, als ich Pünktchen wegen diverser Zahnprobleme untersuchen lassen wollte. Die Angst im Raum war geradezu zu greifen. Allen tierischen Patienten sah man schon auf den ersten Blick an, wie unwohl sie sich hier fühlten, wie ungern sie überhaupt hier waren: Hunde versteckten sich unter den Stühlen ihrer Herrchen, Katzen machten sich in ihrem Körbchen so klein wie möglich und ein seltsam gerupfter Ara zog den Kopf ganz tief zwischen die Schulterblätter. *„Bloß nicht auffallen und als nächster drankommen"*, lautete hier die Devise. Selbst der kleine Jack Russel unserer Bäckerin, ansonsten ein ganz großer Kläffer vor dem Herrn, hielt hier ausnahmsweise seine sonst große Klappe.

Die Besitzer der vierbeinigen Patienten – oder sollte man vielleicht doch lieber sagen Patientenbegleiter – blätterten derweil eher lustlos in *„Bunte"* und *„Gala"*. Allerdings unterbrachen Herrchen und Frauchen in regelmäßigen Abständen ihre Lektüre, um ihren verstörten Lieben leise und stets mit einem gewissen Tremor in der Stimme Trost zu spenden: *„Elvis, Schätzle, der Onkel Doktor ist doch ein Lieber"*, flüsterte etwa neben mir eine alte Dame ihrem ebenfalls schon recht betagten Pudel beruhigend zu. Eine Mitteilung, die Elvis nur äußerst peripher zu tangieren schien. Mögliche positive charakterliche Vorzüge eines Tierarztes waren für Elvis, das sah man auf den ersten Blick, nur von untergeordnetem Interesse. Elvis wollte hier einfach nur so schnell wie möglich raus.

Unter dem Tisch mit den Zeitschriften aus der Lesemappe lag mit Panik in den Augen, zitternd wie Espenlaub, ein riesiger Staffordshire Bullterrier. Nicht etwa ein normaler Bullterrier. Nein, einer von der Sorte, bei deren Anblick man sofort den Verdacht hegt, sie könnten ihren stolzen Besitzern von ihrem Besuch auf dem Kinderspielplatz auch mal ein Ohr oder gleich einen ganzen Arm mitbringen. Apropos Besitzer: Das Herrchen des Bullterriers, ein muskelbepackter Hüne, dessen rasierter Schädel und diverse, ausschließlich in gotischen Lettern verfasste Tätowierungen nicht gerade auf einen an einer Waldorfschule tätigen Sozialkundelehrer schließen ließen, hatte reichlich Tränen in den Augen. Offensichtlich musste der Bullterrier nicht nur zum Impfen, sondern hatte ernsthafte gesundheitliche Probleme. In der Vergangenheit hatte ich auch schon mehrfach erlebt, dass einige Hunde ihrer Angst im wahrsten Sinne des Wortes freien Lauf ließen und das Praxispersonal mit einer großen Urinlache erfreuten. Eine derartige Disziplinlosigkeit hätte sich eine Katze niemals gegönnt. Pinkeln, um zu strafen, immer, aus Angst never ever. Dazu ist man schließlich viel zu viel Katze.

Lediglich zwei Vierbeinern schien nicht die nackte Angst im Nacken zu sitzen: einem Belgischen Riesenrammler, der wohl seinen ersten Tierarztbesuch absolvierte und vergnüglich eine Karotte nach der anderen mampfte, und eine riesige Maine Coon, die sich zunächst einmal fauchend einem verschreckten Terrier zuwandte und dann versuchte, ihr Katzenkörbchen in seine Einzelbestandteile zu zerlegen.

Milchtritt

Beim sogenannten Milchtritt handelt es sich um eine chemische Markierung durch die Katze. Bei dieser auch als „*Treteln*" bezeichneten Instinkthandlung bearbeitet eine Katze ganz intensiv einen geliebten Menschen – es darf aber auch mal ein Sofakissen sein – durch rhythmische Tritte mit den Vorderpfoten. Genau genommen handelt es sich beim Milchtritt um eine angeborene Verhaltensweise, mit der Katzenbabys ihre Mütter während des Säugens traktieren, um besser an die Muttermilch zu gelangen.

Aber auch bei erwachsenen Miezen kann man oft noch Milchtritte beobachten. Die haben einen guten Grund: Beim *„Treteln“* gibt die Katze mithilfe von Duftdrüsen auf der Pfotenunterseite Duftstoffe ab, die Mensch oder Sofakissen als ihr *„Eigentum“* kennzeichnen sollen. Nach einer anderen Theorie wollen sich die Samtpfoten durch Milchtritte ihr Schlaflager bequemer gestalten. Decke, Kissen oder eben ein Mensch werden so lange massiert, bis die Unterlage *„passt“*. Vielleicht ähnlich, wie wir Menschen vor dem Schlafengehen gern unser Kopfkissen aufschütteln.

Mann versus Stubentiger

»Ich habe nie geheiratet, weil ich drei Haustiere zu Hause habe,
die den gleichen Zweck erfüllen wie ein Ehemann.
Ich habe einen Hund, der jeden Morgen knurrt, einen Papagei,
der den ganzen Nachmittag flucht, und eine Katze,
die spät in der Nacht nach Hause kommt.«

Marie Corelli

Die Umfrage einer Zeitschrift hat es an den Tag gebracht: Frauen mögen Katzen lieber als Männer. Na gut, nicht immer. Auf jeden Fall aber, wenn es darum geht, eine verletzte Seele zu trösten. Bei Kummer in der Familie oder Stress im Job, sprich wenn Frauen schlecht drauf sind und dringend Trost benötigen, dann greifen – folgt man einer repräsentativen Umfrage der Zeitschrift *„Laura"* – 38 Prozent aller Katzenbesitzerinnen zu ihrem Stubentiger und suchen nicht etwa, wie eigentlich zu erwarten wäre, Trost an der Schulter ihres Liebsten. Von dem glauben nur 25 Prozent der befragten Damen, dass er ein geeigneter Seelentröster ist. Damit haben wir Männer in Sachen Seelentrost in etwa den Stellenwert einer Tafel Schokolade, zu der immerhin 24 Prozent der Damen bei Kummer gerne greifen.

Aber warum sind ausgerechnet unsere Miezen die bevorzugten Tröster der Damenwelt? Vielleicht weil sie Männer, die eben über kein samtweiches Fell verfügen, ganz locker mit ihrem unwiderstehlichen Miau ausstechen oder weil der Konsum größerer Mengen an Schokolade auf die Dauer nur dick macht? Psychologen rätseln. Böse Zungen behaupten, die weibliche Tendenz zu Mieze und Co. lasse sich vor allem damit erklären, dass Katzen ihren Besitzerinnen das vorleben, was sie selbst so gerne wären, aber oft nicht sind – unabhängig, stolz und frei. Außerdem: Wenn eine Katze mal liebt, dann tut sie das bedingungslos – Schönheit,

Alter oder gar Gewicht von Frauchen spielen keine Rolle. Männer sehen das naturgemäß oft etwas anders. Vorteil Stubentiger!

Ein paar weitere Gründe gefällig? Katzen schnurren – Männer schnarchen. Katzen schlafen gerne glücklich und zufrieden auf dem Schoß ihrer Besitzerin. Männer tun sich damit naturgemäß eher schwer. Nach einer Mahlzeit lecken Katzen ihren Futternapf sorgfältig sauber. Einige Männer haben es dagegen auch nach 25 Ehejahren nicht gelernt, eine Geschirrspülmaschine richtig einzuräumen. Das von uns Männern gerne vorgebrachte Argument, dass die Herren der Schöpfung ihrer Liebsten, zumindest ab und zu, Blumen mitbringen, Katzen dagegen eher tote Mäuse, ist meistens von untergeordneter Bedeutung.

Auf keinen Fall darf man die so überaus positiven gesundheitlichen Aspekte vernachlässigen, die eine Katze im Haus so mit sich bringt: Nach einer repräsentativen Studie, die US-Forscher am Minnesota Stroke Institute an 4400 Probanden über einen Zeitraum von über vier Jahren durchgeführt haben, verringert ein Stubentiger im Haushalt das Risiko, einen Herzinfarkt zu erleiden, um stolze 30 Prozent. Die Erklärung der Wissenschaft für diese bemerkenswerte Tatsache ist ebenso simpel wie einleuchtend: Schon die reine Anwesenheit von Katzen trägt dazu bei, den Blutdruck und die Herzfrequenz eines Menschen zu senken. Untersuchungen zeigen auch, dass die Miezen dafür sorgen, dass das sympathische Nervensystem weniger aktiv ist, weshalb weniger Stresshormone wie etwa Adrenalin ausgeschüttet werden. Die Anwesenheit der Miezen sorgt bei ihren Dosenöffnern für ein deutlich vermindertes Stresslevel.

Insgesamt können wir Männer mit den Stubentigern einfach nicht mithalten. Eine offensichtlich ziemlich erfahrene Dame hat es einmal auf den Punkt gebracht: *„Eine Katze hat gegenüber einem Mann wirklich nur ein einziges Manko – sie kann den Müll nicht runtertragen!“*

Choupette ist so eine Art Kim Kardashian mit Fell. Die sechsjährige Siamkatze des berühmten deutschen Modeschöpfers Karl Lagerfeld hat nicht nur einen Twitter-, Facebook- und Instagramaccount, sondern auch einen eigenen und sogar ziemlich ausführlichen Eintrag im allgegenwärtigen Internetlexikon Wikipedia.

Sie führt ein Luxusleben, das wohl vor ihr noch keiner anderen Katze zuteil wurde: Gleich zwei Dienstmädchen kümmern sich Tag und Nacht um die Belange und Wünsche der Luxusmieze, die darüber hinaus noch einen persönlichen Bodyguard besitzt. Ihre Speisen – von *„Nahrung“* kann man da sicher nicht mehr sprechen – werden von einem eigenen Hauskoch zubereitet. Angeblich hat Choupette eine Vorliebe für Kaviar und speist nur von erlesenem Porzellan. Natürlich fliegt Choupette auch nicht Holzklasse wie eine gewöhnliche Mieze, sondern reist im Privatjet.

Aber Luxus hin, Luxus her, Choupette verdient sich ihre eigenen Mäuse. Und das nicht zu knapp: Nach Aussage Lagerfelds hat die berühmte Katze allein im Jahr 2014, als Werbeträger für einen deutschen Autobauer und einen japanischen Kosmetikhersteller, rund drei Millionen Euro verdient. In der Kollektion ihres Dosenöffners hat Choupette gleich zwei eigene Label: *„Monster Choupette!“* und *„Choupette in Love“*, unter denen diverse Kleidungstücke und Accessoires angeboten werden. Als wäre das alles noch nicht genug, erschien 2014 auch noch das Ratgeberbuch *„Choupette: The Private Life of a High-Flying Fashion Cat“*.

Allerdings würde der Modezar seiner Katze, die übrigens andere Tiere und Kinder angeblich abgrundtief hasst, nicht jeden Werbedeal gestatten: *„Ich erlaube ihr nicht, etwas mit Futter oder solche Dinge zu machen. Sie ist zu niveauvoll für so etwas.“*

Katzenmusik – ein Experiment

»Es gibt zwei Möglichkeiten,
vor dem Elend des Lebens zu flüchten: Musik und Katzen.«
Albert Schweitzer

Justin Bieber nein, Rammstein eher auch nicht und die Wildecker Herzbuben schon gar nicht. Nein, Katzen stehen weder auf Popmusik noch auf Heavy Metal und mit Volksmusik kann man bei den Samtpfoten auch nicht punkten. Die Geschmacksrichtung unserer Miezen ist eindeutig: Katzen würden Vivaldi kaufen. Katzen stehen auf Klassik. Woher ich das weiß? Ganz einfach, das ist wissenschaftlich erwiesen. Mehrere Studien belegen eindeutig, dass unsere Miezen klassische Musik – ein absoluter Renner sind anscheinend Vivaldis *„Vier Jahreszeiten"* – gegenüber anderen Musikrichtungen klar bevorzugen.

Als Grund für diese, doch etwas erstaunliche Tatsache geben die Forscher an, dass nur die Musik von Katzenohren als wohltönend und entspannend wahrgenommen wird, die sich an ihrem Herzrhythmus orientiert. Und das tut klassische Musik offensichtlich.

Katzen, die im Experiment mit Klassik beschallt wurden, zeigten im Gegensatz zur Kontrollgruppe, die nichts auf die Ohren bekam, eine Beruhigung des Herzschlages und der Atmung. Auch der Hang zur Aggressivität untereinander nahm deutlich ab. Heavy Metal dagegen reizte die Miezen. Die derart beschallten Tiere wirkten nervös, liefen unruhig hin und her und zeigen einen Hang zu vermehrter Aggressivität. Diesen positiven Effekt der klassischen Musik machen sich übrigens auch immer mehr Tierärzte zunutze, indem sie in ihren Behandlungszimmern leise Mozart, Chopin oder Vivaldi vom Band ertönen lassen. Dadurch werden die Miezen, die ja beim Tierarzt immer sehr aufgeregt sind, deutlich ruhiger und können leichter untersucht werden.

Mit ihrer Vorliebe für klassische Musik sind unsere Miezen übrigens keineswegs allein. So geben mehreren Studien zufolge Kühe signifikant mehr Milch, wenn man sie permanent mit Mozart, Beethoven oder Chopin beschallt. Um einen höheren Milchertrag zu erzielen, muss es übrigens nicht immer klassische Musik sein, aber es sollte langsame Musik sein. Psychologen von der Universität von Leichester haben vor einiger Zeit in Sachen Kühe, Musik und Milchgeben eine großangelegte Studie mit über 1000 Kühen durchgeführt. Den Kühen wurde neun Wochen lang, jeweils zwölf Stunden täglich, schnelle bzw. langsame Musik der unterschiedlichsten Stilrichtungen vorgespielt. Das Ergebnis dieser Studie war eindeutig. Kühe, die mit langsamer Musik (unter 100 Beats pro Minute) beschallt wurden, produzierten immerhin drei Prozent mehr Milch als an Tagen, an denen sie keine Musik zu hören bekommen haben. Bei schneller Musik (über 120 Beats pro Minute) war die Milchausbeute dagegen deutlich geringer.

Die Wissenschaftler konnten eine regelrechte Hitparade aufstellen. Ganz oben stand neben Klassik (Beethovens Symphonie Nr. 6) auch Simon & Garfunkels *„Bridge over troubled Water“* und *„A Perfect Day“* von Lou Reed. Schnelle Musik von den Beatles erwies sich dagegen in Sachen Milchproduktion als eher kontraproduktiv.

Es gibt aber auch Tiere, die im Gegensatz zu unseren Miezen und den in der Milchproduktion beschäftigten Kühen eher auf Hardrock als auf klassische Musik stehen. Nach Erkenntnissen von australischen Wissenschaftlern sind das – man glaubt es kaum – ausgerechnet Weiße Haie. Als man den riesigen Meeresräubern mithilfe von Unterwasserlautsprechern diverse Musikstücke vorspielte, wurden die Tiere deutlich ruhiger und weniger aggressiv. Besonders verzückt waren die, als Killer der Meere, so übel beleumdeten Tiere, wenn sie Musik von der australischen Hardrockband AC/DC hörten – speziell die Stücke *„Shook Me All Night Long"* und *„Back in Black"*. Einige Haie haben vor lauter Hörvergnügen sogar ihre Schnauzen verzückt an den Unterwasserlautsprechern gerieben. Ob diese wissenschaftliche Erkenntnis im Umkehrschluss bedeutet, dass sich Taucher künftig mit der Musik von AC/DC vor einem Haiangriff schützen können, erscheint dagegen fraglich. Haie sind sehr neugierig und auch ein gut gemeinter *„Testbiss"* kann sich schon verheerend auswirken! Und außerdem, wer möchte beim Tauchen schon immer einen Unterwasserlautsprecher mitschleppen?

Es gibt übrigens durchaus Tiere, die überhaupt nicht auf Musik reagieren. Hühner zum Beispiel lässt Musik jeglicher Art offensichtlich völlig kalt. Und haben Sie schon einmal etwas von einem musikalischen Regenwurm gehört? Nein? Sehen Sie!

Aber zurück zu unseren Miezen. Als Naturwissenschaftler hat mich die Frage beschäftigt, ob das Ergebnis der oben erwähnten Studien auf alle Katzen zutrifft? Und welche Musikrichtung bevorzugen eigentlich meine Katzen? Dieser Frage wollte ich mithilfe eines kleinen Experiments etwas genauer auf den Grund gehen. Also gab es für Pünktchen und Spikey eines schönen Tages beim abendlichen Nickerchen auf dem Sofa zuerst Mozarts *„Kleine Nachtmusik"*, dann *„Westerland"* von den Toten Hosen und zu guter Letzt auch noch, sozusagen als Höchstbelastung, *„Carambo, Caracha ein Whisky"* von Heino auf die Spitzohren. Katharina wollte sogar zu einer CD der *„Amigos"* greifen. Aber das hätte ich nun wirklich nicht übers Herz gebracht. Auch für musikalische Experimente gibt es schließlich Grenzen. Größere Unterschiede im Verhalten der derart unterschiedlich beschallten Miezen waren allerdings keineswegs zu erkennen. Wenn man einmal davon absieht, dass Pünktchen bei *„Westerland"* so herzhaft gegähnt hat, dass ich Angst hatte, sie würde sich den Unterkiefer ausrenken.

Das Resultat des Versuchs war also ziemlich eindeutig: Offensichtlich sind Pünktchen und Spikey völlig unmusikalisch.

Nach der Klassikpleite beschloss ich, in Sachen Katzenmusik neue Wege zu gehen. Wie würden meine beiden Stubentiger auf *„Musik zum Essen"*, sprich auf das Abspielen einer Vogelstimmen-CD, reagieren? Schließlich sind ja auch im deutschen Fernsehen zurzeit Kochsendungen jeglicher Couleur die größten Quotenbringer überhaupt. Was mit Lafer, Schuhbeck und Co. funktioniert, müsste eigentlich auch mit Katzen funktionieren. Allerdings war das Ergebnis dieses Tests mehr als ernüchternd, ja überaus enttäuschend.

Pünktchen, die sonst beim kleinsten Geräusch hochschreckt, konnte weder der Gesang einer Amsel noch das Gezwitscher eines Pirols vom Band auch nur zu einem müden Augenzwinkern veranlassen. Spikey, ansonsten ein begeisterter, wenn auch völlig erfolgloser Vogeljäger, zeigte selbst beim Lied der Nachtigall ein, um es vorsichtig zu formulieren, nur äußerst bescheidenes Interesse.

Fazit aller häuslichen Musikexperimente: Offensichtlich gibt es auch Katzen, die einfach nur ihre Ruhe haben wollen.

Aber, der Wissenschaft sei Dank, es besteht jetzt Hoffnung für scheinbar völlig unmusikalische Katzen wie Pünktchen und Spikey. Menschenmusik ist seit neuestem völlig out für Spitzohren. Amerikanische Wissenschaftler der University of Wisconsin in Madison um den Tierpsychologen Charles Snowdon und den Proficellisten David Teie des National Symphony Orchestra haben kürzlich *„Music for Cats"* auf den Markt gebracht. Das erste Album, das ausschließlich aus Musikstücken besteht, die exklusiv für Katzen komponiert wurden.

Alle Lieder, die übrigens so schöne Titel wie etwa *„Rusty's Ballad"* oder *„Cozmo's Air"* tragen, erklingen genau in dem Frequenzbereich, in dem die Miezen miteinander kommunizieren. Dabei wurden hohe Harfenläufe, die durchaus an Vogelgezwitscher erinnern, mit den tiefen Basstönen eines computergeneriertem Katzenschnurrens unterlegt. Wie clever von den Amis: Haben die einfach klassische Wohlbefindenslaute mit *„Musik zum Essen"* gemischt – also die beiden Tonfolgen, die für Katzen essenziell sind.

Damit Herrchen und Frauchen wenigstens ein bisschen was von der neuartigen Katzenmusik haben, ließen die Wissenschaftler ein paar Bruchstücke herkömmlicher Musik in ihre Kompositionen einfließen. Die Katzen stört die eingefügte Menschenmusik nach Aussage der Wissenschaftler nur wenig. *„Das ist für die bestenfalls so eine Art Verkehrslärm"*, meinte einer der beteiligten Wissenschaftler. Einen ersten Test bestand *„Music for Cats"* mit Bravour: 77 Prozent der beschallten Miezen zeigten durchaus positive Reaktionen auf die eigens für sie komponierte Musik und näherten sich wohlig schnurrend dem Lautsprecher. Auf Bachs *„Air in G-Dur"* reagierten dagegen lediglich 38 Prozent der Test-Samtpfoten positiv.

Nach diesen Erkenntnissen ist jedenfalls klar:
Pünktchen und Spikey werden sich auf weitergehende Musikexperimente einstellen müssen.

Der Todesprophet

In den USA gibt es einen Kater, der über eine mehr als unheimliche Eigenschaft verfügt: Er kann den Tod von Menschen vorhersagen. Oscar, so heißt der heute elfjährige Kater, lebt in einem Altenpflegeheim in Rhodes Island. Dort dreht er – ähnlich, wie ein Arzt auf Visite – täglich seine Runden durch die Zimmer der Patienten und beriecht dabei gewissenhaft Betten und Patienten. Spürt oder, besser gesagt, riecht der sensible Kater, dass der Tod eines Patienten näher rückt, legt er sich neben den Sterbenden und bleibt dort bis zu seinem Tod liegen. Oscar hat so bereits über 100 Todesfälle exakt vorausgesagt. Wegen seiner hohen Treffsicherheit ist das Pflegepersonal mittlerweile dazu übergegangen, sofort die Angehörigen zu verständigen, sobald sich Oscar zu einem Patienten gelegt hat. In der Regel bedeutet das, dass dem Patienten weniger als vier Stunden bleiben.

2013 ging es Oscar für kurze Zeit selbst an den Kragen. Nach einem schweren allergischen Schock musst der Kater reanimiert werden und mutierte für längere Zeit selbst zum Patienten im Altenpflegeheim. Mittlerweile geht der prophetische Kater, der übrigens über eine eigene Facebook-Seite verfügt, allerdings wieder seiner gewohnten Tätigkeit als Todesprophet nach.

Die Wissenschaft hat bisher für die hellseherischen Fähigkeiten von Oscar noch keine endgültige Erklärung gefunden. Man vermutet aber, dass Oscar die typischen biochemischen Veränderungen, die bei einem nahenden Tod im Stoffwechsel des Patienten auftreten, riechen kann.

Marder, Papageien und andere außergewöhnliche Beutetiere

»Das kleinste Katzentier ist ein Meisterstück.«
Leonardo da Vinci

„Du musst sofort nach Hause kommen, Pünktchen hat einen Papagei mitgebracht.“ Diese durchaus etwas ungewöhnliche Botschaft Katharinas erreichte mich per SMS mitten in einem Tennisspiel. Ein Papagei in Karlsruhe-Mühlburg? Und Pünktchen hatte ihn in unsere Wohnung geschleppt? Höchstunwahrscheinlich! Sicherlich hatte Katharina, deren zoologische Kenntnisse durchaus überschaubar sind, einen Papagei mit einer Taube verwechselt. Aber ich war sowieso schon hoffnungslos auf der Verliererstraße, also eilte ich pflichtgemäß nach Hause. Dort fand ich tatsächlich unter unserer Wohnzimmercouch, gut vor etwaigen Zugriffen geschützt, Pünktchen und einen ausgewachsenen Kakadu vor, der sich wohl seiner Gefangenschaft durch Flucht entzogen hatte. Oder besser gesagt, die Reste eines ausgewachsenen Kakadus. Alles, was von dem einst so stolzen Papageienvogel übrig war, waren sein Kopf, ein Flügel, zwei Füße und jede Menge Federn. Wiederbelebungsversuche erschienen wenig sinnvoll. Einer der Papageienfüße trug einen Ring mit Gravur. Was war zu tun? Versucht man anhand der Ringgravur den Besitzer des Kakadus ausfindig zu machen? Ruft man ihn an, nur um ihm die frohe Botschaft zu verkünden, dass es einem schrecklich leidtue, aber die eigene Katze hätte seinen Kakadu gefressen. Mit solch einer Botschaft macht man sich keine Freunde. Außerdem fehlte uns der Mut. Also beschlossen wir, den Besitzer in dem möglichen Glauben zu lassen, sein Kakadu hätte den weiten Weg nach Australien angetreten, um dort fortan ein glückliches

Leben mit seinen freilebenden Artgenossen zu führen. Für das Pünktchen-Opfer errichteten wir ein schönes Ehrengrab in unserem Garten.

Einmal brachte Spikey von seinen nächtlichen Streifzügen ein schon reichlich verwestes Kaninchen mit. Weiß der Teufel, wie er zu diesem doch etwas ungewöhnlichen Beutestück gekommen ist. Er hatte jedoch reichlich Schwierigkeiten, das Kaninchen, das fast so groß war wie er selbst, durch die Katzenklappe zu bekommen. Ein bisschen erinnerte das an die Geschichte mit dem Ulmer Spatz. Aus verständlichen Gründen waren weder Katharina noch ich, die die Rolle der staunenden Zuschauer übernommen hatten, bereit, Spikey zu helfen. Ein vergammeltes Kaninchen in der Wohnung! Was würde als nächstes kommen? Ein totes Ferkel? Nein, diese Grenze wollten wir nicht überschreiten. Pünktchen sah das erstaunlicherweise anders. Vom massiven Lärm an der Katzenklappe angelockt beobachte sie das Szenario kurze Zeit und entschloss sich dann, Spikey behilflich zu sein. Ausgerechnet Pünktchen! Pünktchen, die noch nicht einmal weiß, dass das Wort Hilfe überhaupt existiert. Wir haben mit dem Handy gefilmt, wie Spikey von außen die Kaninchenleiche geschoben und Pünktchen von innen an ihr gezogen hat. Wir haben unsere filmische Dokumentation dann aber doch nicht bei Youtube eingestellt. Katharina meint, auch Katzen hätten ein Recht auf Privatsphäre.

Nach Beobachtungen eines Bekannten finden auf dem Flachdach eines etwa 150 Meter von uns entfernten Autohauses regelrechte Massenschlachten zwischen Mardern auf der einen Seite und Katzen auf der anderen Seite statt. Unser Bekannter schwört Stein und Bein, das das Ganze ähnlich abläuft wie bei den Fußball-Hooligans zweier *„verfeindeter“* Vereine, die sich per Handy nach dem Spiel abseits des Stadions zu einer Schlägerei verabreden.

Spikey wurde in den letzten Jahren insgesamt sechs Mal von einem Marder gebissen. Der Übeltäter wurde vom Tierarzt jedes Mal ziemlich schnell an der mardertypischen Bisswunde, nebst sogenanntem *„Gegenbiss“* auf der gegenüberliegenden Seite, identifiziert. Die Bissstellen waren übrigens fast immer an Hals oder Schwanzwurzel zu finden. Einmal, als er noch ungekrönter König des Hinterhofs war, hat er sogar einen toten Marder mit nach Hause gebracht. Ein Freund, der vor nicht allzu langer Zeit einen Marderschaden an seinem Auto zu beklagen hatte, hat ihm daraufhin eine Großpackung Leckerlis spendiert.

Fragt man Wildbiologen, dann handelt es sich beim Duell Katze versus Marder um ein Duell von unterschiedlichen Charakteren, die auch noch mit unterschiedlichen Waffen und Strategien zu Werke gehen. In Sachen Körpergröße und Kampfgewicht ist zunächst einmal die Katze im Vorteil. Mit vier bis sechs Kilogramm bringt eine stinknormale Hauskatze nämlich das Zwei- bis Dreifache eines Marders auf die Waage. Dazu verfügt die Mieze über deutlich schärfere Krallen als ihr kleinerer Gegner. Vorteil: Katze. Ein Marder kann dagegen mit einem rasiermesserscharfen Gebiss und einer überaus großen Beißkraft punkten. Marder beißen sich dank dieser Beißkraft derart fest, dass es ihrem Opfer selten gelingt, sie abzuschütteln. Im Gegenteil: Wenn sich das Opfer verzweifelt heftig hin und her bewegt, um den Angreifer loszuwerden, wird die ursprünglich recht kleine Wunde deutlich größer, was zu einem nicht unerheblichen Blutverlust führen kann. Dazu verfügen Marder über ein sehr dichtes Fell, das sie ziemlich gut vor Katzenkrallen, und seien sie noch so scharf, schützt. Wenn ein Marder so richtig angefressen ist, nimmt er keinerlei Rücksicht auf eigene Verletzungen. Eine Katze gibt meistens schon deutlich früher auf und tritt den Rückzug an.

Dummerweise sind gerade männliche Marder äußerst territorial veranlagt und schätzen es überhaupt nicht, wenn sich eine Katze länger in ihrem Revier aufhält. Oft kommt es zum Beispiel zu Konflikten, wenn ein Marder im Motorraum eines Autos seinen Hauptwohnsitz aufgeschlagen hat. Wenn dann eine Katze auf der warmen Motorhaube dieses Autos ein wohlverdientes Nickerchen machen möchte, sind blutige Auseinandersetzungen vorprogrammiert.

Aber auch wenn sie aus dem Kampf als Sieger hervorgeht, kann ein Duell mit einem Marder für eine Katze böse ausgehen. Selbst bei einem kleinen Biss dringen viele Bakterien aus der Mundhöhle des Marders in die Katzenhaut bzw. in das Gewebe darunter ein. Diese Mikroben vermehren sich gerade bei Samtpfoten mit schwächerem Immunsystems oft geradezu explosionsartig. Da ist eine kräftige Entzündung meist unausweichlich. Die wiederum führt zu einem Abszess, der unbehandelt sogar zu einer Blutvergiftung führen kann. Spätestens dann ist ein Besuch beim Tierarzt angesagt. Ob umgekehrt auch von Katzen gebissene Marder der ärztlichen Fürsorge bedürfen, entzieht sich meiner Kenntnis.

Leichenfraß

So gruselig es klingt, es kommt leider immer wieder vor: Katzen verzehren ihr totes Herrchen oder Frauchen. Ein Phänomen, das in der Biologie bzw. in der Rechtsmedizin als Leichenfraß oder etwas eleganter als *„postmortaler Tierfraß"* bezeichnet wird. Die Katzen machen das nicht etwa aus Boshaftigkeit oder weil sie ihr totes Herrchen oder Frauchen nicht leiden konnten, sondern aus der Not heraus. Die Tiere sind nämlich oft tagelang mit der Leiche zusammen eingesperrt. Wenn irgendwann das normale Futter ausgeht, machen sich die Katzen gezwungenermaßen als Fleischfresser, die sie nun mal sind, über die Leiche her. Die Verwesung der Leiche stört die Katzen dabei nicht.

Der Womanizer und die Eiserne Lady

»Könnte man den Menschen mit der Katze kreuzen, würde man damit den Menschen verbessern, aber die Katze verschlechtern.«

Mark Twain

Katzen schmusen lieber mit Frauen als mit Männern. Das ist durch mehrere wissenschaftliche Studien belegt. Dabei ist es nach den Erkenntnissen der Wissenschaftler völlig egal, ob die Miezen weiblichen oder männlichen Geschlechts sind. Meine beiden Samtpfoten Pünktchen und Spikey sind allerdings nicht gerade repräsentativ für diese Studien.

Spikey zum Beispiel ist ganz klar ein Womanizer von höchstem Rang, der selbst altgedienten Playboys – so es die heute überhaupt noch gibt – den Rang ablaufen würde. Leider ist sich Spikey seines guten Aussehens und seiner Anziehungskraft auf die Damenwelt – egal mit wie vielen Beinen – durchaus bewusst. Spikey hält es eindeutig mit dem besten Boxer aller Zeiten, Muhammad Ali. *„The Greatest"* hatte einmal, auf seine mangelnde Bescheidenheit angesprochen, gesagt: *„Es ist sehr schwierig, bescheiden zu bleiben, wenn man so gut aussieht wie ich."*

Kommt weiblicher Besuch wirft sich der alte Frauenversteher sofort verzückt auf den Rücken und gibt gurrende Laute von sich, die man sonst nur von einem liebeskranken Täuberich zu hören bekommt. Welche Dame mit nur ein bisschen Herz könnte da widerstehen? Will heißen: Es regnet geradezu Streicheleinheiten. Was von Spikey im Gegenzug mit intensivem *„Köpfchengeben"*, mit mehr oder weniger sanften Liebesbissen und stets auch ein bisschen Gesabber belohnt wird. Männer dagegen werden von Spikey glatt übersehen. Es sei denn, der Besucher hat ein Leckerli in der Hinterhand. Aber es sollte schon Spikeys Lieblingsmarke sein.

Bei Spikey steht seine Schmusebereitschaft übrigens in direkter Abhängigkeit zum Zustand seiner Körperpflege: Je dreckiger er von draußen reinkommt, desto anhänglicher wird er. Offensichtlich hält er uns bzw. unsere weiblichen Gäste auch für eine Art Nebenberufsputztücher.

Es wäre schön, wenn man sagen könnte, dass Pünktchen sich genau gegenteilig zum Womanizer Spikey verhält, dass sie total auf Männer steht, aber im Bedarfsfall auch mit Frauen ganz gut klar kommt. Aber nein, so ist unser Pünktchen leider nicht gestrickt. Während Spikey mit seinem Charme und seinem guten Aussehen selbst Richard Gere in *„Pretty Woman"* locker aussticht, kann unser Pünktchen Julia Roberts in selbigem Film, vorsichtig formuliert, nicht das Wasser reichen. Pünktchen kommt mit niemandem klar. In Pünktchens klar strukturierter Welt gibt es nur sie selbst und ihren heiß geliebten, aber auch gut dressierten Dosenöffner. Alle anderen Personen, egal ob zwei- oder vierbeinig, sind in Pünktchens Augen überflüssige, meist sogar störende Subjekte. Ein befreundeter Journalist hat es einmal sehr treffend formuliert: *„Pünktchens Idealwelt wäre ziemlich leer."* Eine Sonderstellung in Pünktchens Kosmos nehmen Katharina und mein Nachbar Heinrich ein. Sie werden als so eine Art menschliches *„Essen auf Rädern"* geduldet. Will heißen, Fütterungen werden großmütig akzeptiert – mehr aber auch nicht.

Allerdings gibt es bei Pünktchen eine, wenn auch etwas unrühmliche Ausnahme: Das sind, man höre und staune, Menschen, die unter eine Katzenhaarallergie leiden, also keinen größeren Wert darauf legen, in näheren Kontakt mit einer Mieze zu geraten. Schließlich drohen sonst rote Augen, eine laufende Nase oder, wenn es ganz schlimm kommt, ein ausgewachsener Asthmaanfall. Bekommen wir

Besuch von einem derart gehandicapten Menschen, wird dieser von Pünktchen zunächst einmal eine halbe Stunde aus angemessener Distanz ausgiebig beobachtet. Dann geschieht das Unglaubliche: Pünktchen nähert sich vorsichtig dem Katzenhaarallergiker und streicht zum Entsetzen ihres *„Opfers"* mit erhobenem Schwanz zärtlich um seine Beine. Und das nicht, ohne mehrfach durchaus wohlwollend miaut zu haben. *„Was ist sie doch für ein bösartiges kleines Luder!"* meinte Katharina, als wir das erste Mal dieses für Pünktchen mehr als ungewöhnliche Verhalten beobachteten. Ja, der Verdacht lag ziemlich nahe, dass Pünktchen unserem, mit Katzenhaarallergie geplagtem Besucher durch ihre Nähe massiv schaden und damit von weiteren Besuchen abhalten wollte.

Aber Erkenntnisse der modernen Katzenwissenschaft haben Pünktchen in dieser Hinsicht entlastet. Bekanntermaßen kommunizieren Katzen unter anderem mit den Augen. Blinzelt oder zwinkert eine Katze beispielsweise, ist das als deutliches Zeichen der Zuneigung zu werten. Ein längerer Augenkontakt oder gar ein Starren gilt in Katzenkreisen dagegen als unhöflich, sogar meist als Ausdruck von Aggression. Oft finden gerade unter rivalisierenden Katern regelrechte *„Blickduelle"* statt, die so lange andauern, bis der Verlierer, als Eingeständnis seiner Niederlage und zur Beschwichtigung des Gegners, den Blick abwendet. Das ist offensichtlich auch der Grund, warum Katzen oft freudig gezielt auf Menschen zugehen, die keine Katzen mögen, Angst vor Katzen oder eben eine Katzenhaarallergie haben. Diese Menschen verhalten sich in den Augen der Katzen unabsichtlich genau richtig. Sie starren die Miezen in der Regel nicht an, eine Attitüde, die von Katzen als bedrohlich empfunden wird, sondern vermeiden – nach dem Motto: *„Bleib bloß weg"* – tunlichst jeglichen Blickkontakt. Ein Verhalten, das die Katze wiederum als freundlichen Akt interpretiert.

Eine wissenschaftliche Erkenntnis, die Pünktchens *„Ich-hasse-Euch-alle-Verhalten"* möglicherweise in einem neuen Licht erscheinen lässt. Vielleicht ist Pünktchen überhaupt nicht misanthrop oder gar unfreundlich. Vielleicht ist Pünktchen einfach nur eine Katze, die großen Wert auf gute Umgangsformen und ein gerüttelt Maß an Höflichkeit legt.

Übrigens hat sich Pünktchen neulich von einer Nachbarin, die sie zuvor 13 Jahre lang stur ignoriert oder auch mal angefaucht hat, erstmalig streicheln lassen. Offensichtlich wird selbst das eiserne Pünktchen ein wenig altersmilde.

Das Verhältnis zwischen Pünktchen und Spikey ist, wie könnte es anders sein, nicht gerade ein leichtes und nur äußerst bedingt sexuell. Sowohl Pünktchen als auch Spikey sind nicht sterilisiert, sondern kastriert. Während bei einer Sterilisation lediglich Ei- bzw. Samenleiter durchgeknipst werden, werden bei einer Kastration, idealerweise vor der Geschlechtsreife, Hoden respektive Eierstöcke komplett entfernt. Durch diese Maßnahme wird eine Ausschüttung von Sexualhormonen weitgehend verhindert. Das hat, außer der Tatsache, dass die Produktion von Nachwuchs ein für alle Mal unterbunden wird, noch weitere tiefgreifende Folgen: Kätzin und Kater werden durchaus häuslicher. Katern verschafft der Verlust ihrer Hoden sogar eine höhere Lebenserwartung: Blutige Kämpfe mit Nachbarskatern finden jetzt dank mangelnder Testosteronzufuhr deutlich weniger statt. Dazu entfernen sich die sexuell gehandicapten Samtpfoten auch nicht mehr so weit von ihrem Zuhause. Das minimiert die Chance, im Straßenverkehr unter die Räder zu kommen.

Pünktchen ist, da sind wir uns heute ziemlich sicher, weitestgehend asexuell. An Katern, und das schließt Spikey mit ein, ist Pünktchen nicht interessiert. Im Gegenteil: Pünktchen betrachtet Kater als lästiges Übel, die sich dank körperlicher Überlegenheit unverschämterweise am Futternapf vordrängeln. Der Begriff „*Ladies first*" befindet sich nämlich nicht im reichhaltigen Sprachrepertoire von Katern.

Spikey verfügt dagegen über so etwas wie ein gerüttelt Maß an „*Restsexualität*". In seiner Jugend versuchte Spikey Sex (oder was auch immer) mit Pünktchen durch einen kühnen Sprung vom Kleiderschrank auf den Rücken unserer völlig entsetzten Katzenlady einzuleiten – sozusagen aus dem Hinterhalt. Nach ein paar gepfefferten Tatzenhieben hat er das dann gelassen. Heute ist er eher an unserer Nachbarskatze Kosi interessiert, die seine Avancen, nach allem was man so hört, erwidert. Was sich tatsächlich zwischen den beiden in Sachen Liebe und Triebe abspielt, haben wir nicht herausgefunden.

Das Verhältnis zwischen Pünktchen und Spikey ist eher von Stimmungen getragen: „*La donna è mobile – Wie trügerisch sind Frauenherzen*" oder etwas moderner ausgedrückt: „*Die Dame ist etwas kapriziös*". Was für Menschenfrauen gilt, zumindest wenn man Pavarotti und Co. trauen darf, gilt nach unseren Erkenntnissen auch für Pünktchen. Manchmal goutiert sie Spikeys Schnüffeln an ihrem Hinterteil mit einem wohlwollenden Schnurren.
Am nächsten Tag faucht sie bei der gleichen Aktion wie ein angeschossener Tiger. Das ist eine Abfuhr, mit der Spikey nicht wirklich gut umgehen kann. Er beißt dann Pünktchen oft kurz in die Flanke und marschiert enttäuscht, aber hoch erhobenen Hauptes in Richtung Trockenfutter.

Fred, der Undercoveragent

Eine Katze, genauer gesagt ein Kater, als Undercover-Polizeibeamter? Auch das gab es bereits. Natürlich in den USA, im Land der unbegrenzten Möglichkeiten, wo offensichtlich nicht nur Menschen, sondern auch Katzen das scheinbar Unmögliche schaffen: 2006 wurde im New Yorker Stadtteil Brooklyn ein Kater namens *„Fred"* von der Staatsanwaltschaft Brooklyn hochoffiziell als *„Undercover Secret Agent"* gelistet.

Fred, dessen Frauchen praktischerweise die stellvertretende Bezirksstaatsanwältin von Brooklyn war, wurde als *„Köder"* bei den Ermittlungen gegen einen nicht zugelassenen Tierarzt in Brooklyn eingesetzt, der seine Dienste ohne Lizenz oder die nötige Ausbildung anbot. Mithilfe von Fred als vermeintlichem Patienten gelang es, den Tierarzt zu überführen. Der Tierarzt erhielt eine Bewährungsstrafe, Fred wurde dagegen für seine Verdienste in Sachen Undercovertätigkeit im Herbst 2006 mit dem *„Law Enforcement Appreciation Award"* geehrt. Im Anschluss an seine, zugebenermaßen kurze Karriere im Dienste der Gerechtigkeit sollte Fred eigentlich, sozusagen auf dem zweiten Bildungsweg, zur Therapiekatze umgeschult werden. Hatte er doch in der Vergangenheit gezeigt, dass er als ausgesprochen freundlicher und gutmütiger Kater eine beruhigende Wirkung auf Menschen ausübt.

Leider kam es jedoch nicht mehr zur geplanten Umschulung, da Fred wenig später von einem Auto erfasst und getötet wurde.

Katastrophe Urlaub

»Wenn du ihre Zuneigung verdient hast, wird die Katze dein Freund sein, aber niemals dein Sklave.«

Theophile Gautier

Urlaub soll ja bekanntermaßen die schönste Zeit des Jahres sein. Allerdings ist es für Katharina und mich, als Katzenbesitzer, alles andere als einfach, in den Urlaub zu fahren. Nicht etwa, dass wir fürchten müssten, unsere beiden Samtpfoten würden während unseres Urlaubes irgendwie zu kurz kommen. Nein, in der Zeit unserer Abwesenheit kümmert sich unser Nachbar Heinrich rührend um Pünktchen und Spikey. Da regnete es Streicheleinheiten und beide werden mit ihrem absoluten Lieblingsfresschen *„Wienerwaldhähnchen"* hemmungslos verwöhnt. Und für Katzen so unsinnige Aufforderungen wie *„Jetzt aber runter vom Tisch"* bekommen sie in dieser Zeit auch nicht zu hören. Heinrich ist sogar noch toleranter als ich.

Nein, das Problem besteht darin, dass Pünktchen es überhaupt nicht schätzt, wenn wir in Urlaub gehen und uns das auch deutlich spüren lässt. Das fängt schon lange vor der Abfahrt bei den Urlaubsvorbereitungen an. Kaum sind die Koffer runter vom Speicher, beginnt der Zickenterror. Da wird gemaunzt, Nahrung verweigert und im Bedarfsfall auch mal schnell vor einen Koffer gepinkelt. Pünktchen versucht mit allen Kräften, die ihr zur Verfügung stehen, unsere Abreise, wenn vielleicht nicht zu verhindern, so doch zu verzögern. Spikey sieht das dagegen wesentlich entspannter. Einmal hat er sich sogar in einen der bereitstehenden Koffer gelegt und war mit ausgefahrenen Krallen auch nicht mehr bereit, sein neues Domizil aufzugeben. Also haben wir eben einen anderen Koffer vom Speicher geholt.

Wenn wir erholt und glücklich aus dem Urlaub zurückkommen und uns auf unsere Katzen freuen, werden wir zumindest von Pünktchen nicht etwa freudig begrüßt, sondern im Gegenteil ziemlich eisig empfangen. Und das ist noch harmlos formuliert. Für das Vergehen, unser armes altes Pünktchen so lange allein gelassen zu haben, werden wir regelrecht abgestraft.

Wie formulierte es einmal ein befreundeter Journalist so treffend: *„Gott verzeiht – Pünktchen nie"*. Wie das im Detail aussieht, wollen Sie wissen? Ziemlich unerfreulich. Pünktchen dreht uns zunächst einmal missbilligend ihren üppigen Hintern zu und schaut angestrengt die nächstbeste Wand an. Und schaut und schaut und schaut ... Versuche, sie zu streicheln, werden mit einem bösartigen Fauchen und einem empörten Wegducken quittiert. Versuche, sie mit ihrem eilig herbeigeschafften Lieblingsfutter milde zu stimmen, werden hartnäckig ignoriert. Pünktchen hat ein unglaubliches Selbstbewusstsein – mindestens so groß wie Baden-Württemberg. Haben wir nach etwa drei Stunden unsere Strafe verbüßt, kehrt wieder einigermaßen Normalzustand ein.

Um auf den Kofferbesetzer Spikey zurückzukommen: Der schaute uns bei unserer Rückkehr aus seinem Koffer, den er natürlich immer noch bewohnte, mit seinen großen blauen Augen eher etwas amüsiert und überrascht an. So nach dem Motto: *„Hab gar nicht gemerkt, dass Ihr weg wart."* Eine Attitüde, die jetzt wiederum uns das Herz schwer macht. Haben wir nicht auch ein Recht auf ein kleines bisschen Wiedersehensfreude? Muss ja nicht gleich wie bei einem Hund sein, der freudig-erregt mit dem Schwanz wedelt. Ein kleiner freudiger Maunzer – ist das wirklich zu viel verlangt? Spikeys Koffer war mittlerweile übrigens mit einem dünnen Fleece aus langen, grau-silbernen Haaren überzogen. In Spikeys Ahnenreihe waren wohl auch mehrere Langhaarkatzen. Den Koffer bewohnte Spikey nach unserer Rückkehr noch

zwei weitere Monate. Danach hat er einen Küchenstuhl als Hauptwohnsitz beschlagnahmt. Ein eigens als Kofferersatz angeschafftes Katzenkörbchen hatte Spikey wiederholt als unzumutbar abgelehnt.

Natürlich werden wir im Urlaub immer von Sorgen um unsere Stubentiger gequält. Was wenn Spikey angefahren wird, was wenn die Katzenklappe ihren Dienst versagt und die Miezen ausgesperrt bleiben, was wenn Pünktchen irrtümlicherweise die Mikrowelle oder den Herd anstellt? Da hilft ein täglicher Anruf bzw. eine tägliche SMS (geht auch aus der Serengeti) an Heinrich. Der gibt uns dann eine Art „*Katzenbulletin*". Das beruhigt, zumindest kurzfristig.

So völlig katzenlos verbringen wir unseren Urlaub allerdings ziemlich selten. So wartete, als wir vor drei Jahren nach vier Stunden Flug und einer kurzen Autofahrt in unserer gemieteten Ferienwohnung auf Madeira angekommen waren, dort auf der Terrasse bereits Felix auf uns. Bei Felix handelte es sich um – Sie ahnen es wahrscheinlich schon – einen prächtigen Kater. „*Um den brauchen Sie sich nicht zu kümmern, der bekommt sein Futter von uns*", erklärte uns unser freundlicher Vermieter, worauf er von Felix mit einem Blick bedacht wurde, den altgediente Bundeswehrhauptfeldwebel normalerweise nur für die wirklich allerunfähigsten ihrer Rekruten übrig haben. Und richtig, kaum war der Vermieter weg, machte Felix uns dann mit eifrigem „*Beinemarkieren*“ und forderndem Maunzen sofort klar, dass aus seiner Sicht, wir, und nur wir, ab sofort für seine tägliche Verpflegung verantwortlich waren.

Diese Verpflegung gestaltete sich zunächst alles andere als einfach. Eilig im Supermarkt gekauftes Trocken- und Feuchtfutter wurde von Felix nur mit einem verächtlichen Blick bedacht. „*Gib ihm doch einfach mal ein Stück Wurst*“, meinte schließlich Katharina, die etwas praktischer veranlagt ist als ihr so wenig innovativer Gatte. Und siehe da: Paprikawurst, Ziegenkäse und Salzcracker – damit konnte man bei Felix totsicher punkten.

Von da an hatten Felix und wir einen geregelten Tagesablauf: Morgens wartete Felix geduldig auf dem Balkon, bis wir ihm seine Frühstückswurstration zugeteilt hatten. Nachmittags, wenn wir vom Wandern zurückkamen, holte er uns zum Tee – oder besser gesagt zu Wurst und Käse – bereits im Garten ab. Und abends tauchte er Punkt 22.30 Uhr nochmal aus dem Nichts auf, um sich seinen Gutenachtcracker abzuholen. Allerdings galten dabei strenge Regeln. Streicheln ließ Felix sich nur während der Mahlzeiten.

Zweimal brachte Felix auch seinen Kumpel „*Osama bin Laden*“ mit. Ein portugiesischer Kater, der nach einem saudi-arabischen Topterroristen benannt wurde? Osamas Verhalten gab jedoch sofort Aufschluss über diese, etwas seltsame Namensfindung. An Futter war Osama nicht interessiert. An Streicheleinheiten schon gar nicht. Osama war eine Art Fußfetischist, der sich sofort voller Inbrunst auf jeden nackten Fuß stürzte, dem er irgendwie habhaft werden konnte, und dann versuchte, kräftig in die große Zehe zu beißen. Grund genug für uns, Kater bin Laden umgehend ein striktes Hausverbot zu erteilen.

Am Tag unserer Abreise war von Felix überraschenderweise keine Spur zu sehen. Als wir unseren Vermieter nach dem Verbleib *„unseres"* Katers fragten, lachte der nur: *„Felix bereitet sich jetzt auf ihre Nachfolger, auf die neuen Mieter vor"*. Und da hatten wir es verstanden: Felix war ein sehr praxisorientierter Ferien-Lebensabschnittskater. Nicht mehr, aber auf keinen Fall weniger.

Tod den Katzen?

Bei uns in Deutschland sind Katzen die beliebtesten Haustiere überhaupt. Ganz anders ist die Situation in Sachen Katzen in Australien. Dort gelten verwilderte Katzen als eine derartige Plage, dass die australische Regierung vor Kurzem beschlossen hat, in den nächsten zwei Jahren zwei Millionen Katzen zu töten.

Die Katzen wurden durch europäische Siedler im 18. Jahrhundert ins vorher katzenfreie Australien eingeschleppt. Die Samtpfoten sollten als tierische Schädlingsbekämpfer in den Häusern und auf den Felder der Kolonialisten die ebenfalls eingeschleppten Ratten und Mäuse kleinhalten. Mit der Zeit verwilderten jedoch viele Hauskatzen. Da sie in Australiens Natur kaum natürliche Feinde zu fürchten hatten, vermehrten sie sich prächtig und fielen mit fürchterlicher Effizienz über die in Australien heimischen Tierarten her. Katzen gelten zumindest als mitverantwortlich für das Aussterben von 27 Beuteltierarten.

Mittlerweile gibt es nach Schätzungen rund 30 Millionen verwilderte Katzen, die gewaltige Schäden anrichten. Katzen töten in Australien Jahr für Jahr mindestens 75 Millionen einheimische Wildtiere. Zahlreiche Beuteltiere, wie etwa Kaninchennasenbeutler, Beutelmarder oder kleine Kängurus, sind daher durch die Katzen unmittelbar vom Aussterben bedroht.

Um die Artenvielfalt des fünften Kontinents zu schützen, hat die australische Regierung im Rahmen des Programms der sogenannten *„Threatened Species Strategy"* den Katzen den Krieg erklärt.

Bei diesem Vorhaben soll auch die moderne Technik soll helfen: Kürzlich hat ein Wissenschaftler der Universität Adelaide eine raffinierte, aber äußerst brutale Katzenfalle entwickelt, die Katzen mithilfe von Audioaufnahmen von Beutetieren anlockt. Ist die Katze in den Wirkungsbereich der Falle gekommen, tastet diese sie zunächst mit Laserstrahlen ab. Stellt die automatisierte Falle mittels Laserabtastung anhand von Größe und Körperbau fest, dass es sich bei ihrem potenziellen Opfer tatsächlich um eine Katze handelt, wird ein Giftstrahl auf das Tier abgeschossen und das Gift verfängt sich im Fell der Katze. Da Katzen großen Wert auf eine umfassende Fellpflege legen, lecken sie geradezu zwangsläufig rasch das Gift vom Fell und verenden dann kläglich.

Wie kriege ich die Tablette in die Mieze?

»Wenn ich mit meiner Katze spiele, bin ich nie ganz sicher, ob nicht ich ihr Zeitvertreib bin.«

Michel de Montaigne

„Sie müssen ihm jetzt nur noch die nächsten fünf Tage täglich eine Tablette mit einem Breitbandantibiotikum verabreichen, dann kommt das schnell wieder in Ordnung.“ Mit diesen, sicherlich gut gemeinten Worten entließ mich der Tierarzt meiner Wahl, Dr. Göhler, samt Spikey aus seiner Sprechstunde. Spikey war vor einigen Tagen aus einer heroischen Schlacht mit Nachbarskater Bilbo zwar als stolzer Sieger, aber doch reichlich ramponiert, will heißen, mit einigen Biss- und Kratzwunden nach Hause zurückgekehrt. Wunden, die dann doch ärztlicher Versorgung bedurften. Aber Spikey oder gar Pünktchen täglich eine Tablette zu verabreichen, das erschien uns in etwa genauso unmöglich, wie barfuß den Mount Everest zu besteigen.

Gutmenschen, die wir nun mal sind, hatten wir es in der Vergangenheit zumindest bei Spikey zuerst im Guten und mit ganz viel Liebe probiert. Wir hatten einen Augenblick abgepasst, als Spikey entspannt auf seinem Lieblingsplätzchen lag, und uns dem selig vor sich hin schlummernden Patienten mit viel Mitgefühl, aber eben auch mit einer Tablette in der Hand vorsichtig genähert. Um unsere durchaus lauteren Absichten zu untermauern, wurde Spikey zunächst einmal ausgiebig gestreichelt und beschmust. Die Hand mit der Tablette wurde dabei natürlich hinter dem Rücken versteckt. Dabei flüsterten wir Spikey zärtlich ins Ohr, dass er der schönste, tapferste und mutigste Kater der Welt sei –

und überhaupt. Aber jetzt kam der knifflige Part der Angelegenheit, der Part, auf den es eben wirklich ankommt: die Tablettenverabreichung. Also nahm ich ganz vorsichtig den Kopf Spikeys in die linke Hand und schob ihn sanft in den Nacken. Jetzt sollte sich eigentlich sein Maul automatisch öffnen und ich ihm mühelos die so sorgsam verborgene Tablette verabreichen können.

So war es zumindest auf dem Youtube-Filmchen zu sehen, das Katharina und ich zuvor mit größter Sorgfalt betrachtet hatten. Mehrfach! Und tatsächlich öffnete Spikey brav seine Futterluke – aber nicht um eine Tablette zu schlucken, sondern um mich kräftig in die Hand zu beißen. So kräftig, dass ich für die nächste halbe Stunde für Spikeys medizinische Versorgung nur noch ein, sagen wir mal, untergeordnetes Interesse aufbringen konnte.

Natürlich hatte Spikey den Braten schon längst gerochen. Katzen haben ein ausgesprochen feines Gefühl für die Stimmungslage ihres Dosenöffners. Wenn der angespannt ist, merkt das eine Mieze sofort und weiß, dass möglicherweise Unheil droht. Und wir waren angespannt! Und wie! Wir schafften es einfach nicht, die Tablettenverabreichung ohne erhöhten Pulsschlag und schwitzige Hände durchzuführen. Dabei hatten wir zuvor geübt und Trockenübungen an einem unschuldigen Sofakissen durchgeführt.

Schließlich war der Internet-Katzenratgeber gerade in diesem Punkt eindeutig gewesen: *„Katzen können Angst oder Anspannung förmlich riechen. Aus diesem Grund ist es absolut wichtig, dass Sie völlig gelassen und entspannt sind. Die Medikamentengabe muss für Sie genauso natürlich sein, wie Ihr tägliches Zähneputzen, Kontaktlinseneinsetzen oder Broteschmieren. Denn wenn Sie schon verkrampft in die Küche gehen und dort zur Katzenmedizin greifen, spürt Ihre Katze, was gleich passieren wird, und Sie haben buchstäblich verloren.*“ Ja, verloren hatten wir in der Tat. Entspannung war offensichtlich nicht unser Ding. Aber wir hatten durchaus noch mehrere Pfeile im Köcher.

Zum Beispiel übten wir uns in diversen Täuschungsaktionen. Was haben wir in der Vergangenheit nicht schon alles versucht: Wir haben die bei Pünktchen und Spikey so unbeliebten Tabletten wahlweise mit Vitaminpaste oder Leberwurst beschmiert, haben sie mit dem Mörser zu Pulver zerrieben und dieses dann unter das Nassfutter gemischt, haben die Tabletten sogar in der von unseren Samtpfoten so sehr geliebten Katzenmilch aufgelöst. Der Erfolg war jedes Mal gleich Null.

Im Fall von Spikey probierten wir einen neuen Trick aus, auf den wir durch eine Recherche im Internet gestoßen waren. Wir *„operierten"* mithilfe einer Nagelfeile die Tablette in Spikeys Lieblingsleckerli hinein, also nicht irgendein stinknormales Leckerli. Nein, sondern eines der Leckerlis, die er sonst nur an hohen Feiertagen wie etwa dem Weltkatzentag bekommt. Aber Spikey roch nur kurz am offensichtlich laienhaft, um nicht zu sagen stümperhaft manipulierten Leckerli. Dann sah er uns mit einem verächtlich-amüsierten Blick an, der uns wohl signalisieren sollte, dass wir schon etwas früher aufstehen müssten, um einen gestandenen Kater mit einem derart billigen Trick reinlegen zu können.

Aber vielleicht lag es ja einfach an unseren mangelnden handwerklichen Fähigkeiten. Deshalb griffen wir zur *„Sneaky Pill"* (Name vom Autoren geändert), einer Profi-Katzentäuschungspille, die vor Kurzem von einem Pharmahersteller zur Unterstützung hilfloser Dosenöffner wie uns auf den Markt gebracht wurde.

Das Prinzip ist relativ einfach: Die Täuschungspille besteht aus einer mit leckeren Aminosäuren und lockenden Aromastoffen versetzten essbaren Knetmasse, in die man dank einer üppigen Öffnung leicht die gewünschte Tablette idiotensicher platzieren kann. Anschließend wird die noch verbleibende Öffnung durch Verstreichen der Ränder wieder verschlossen. Somit ist die Tablette für die Mieze nicht nur nicht mehr sichtbar, sondern duftet dank der Aromastoffe auch noch unwiderstehlich. Wir gingen bei der Verabreichung des Mogelpaketes – wie übrigens auch in der zweiseitigen Gebrauchsanweisung gefordert – richtig raffiniert vor: Bei den ersten beiden Mahlzeiten gab es noch unmanipulierte *„Sneaky Pills"* – schließlich sollte Spikey zunächst mal auf den Geschmack kommen und von unseren lauteren Absichten überzeugt werden.

„Ratten werden ja auch zuerst mit einem giftfreien Köder angefüttert, bevor der Kammerjäger dann mit dem Gift zuschlägt", meinte Katharina dazu – in der Sache zwar richtig, aber doch etwas herzlos. Tatsächlich mampfte Spikey die beiden kulinarischen Versuchsballons gierig herunter. Als wir ihm allerdings das manipulierte Fresschen unterschoben, war es mit der Verzehrfreudigkeit mit einem Schlag vorbei. Spikey nahm die essbare Mogelpackung noch nicht einmal zur Kenntnis.

In der Nachbarschaft wird immer noch gerne über unseren legendären Versuch gesprochen, bei Spikey mit der *„Ins-Fell-Schmier-Methode"* zum Erfolg zu kommen. Das Prinzip dieser, auf den ersten Blick etwas ungewöhnlichen Taktik ist genauso einfach wie einleuchtend. Man pulverisiert die gewünschte Tablette mit einem Mörser, versetzt anschließend das Tablettenpulver mit etwas Butter und schmiert dieses klebrige Gemisch auf das Schnäuzchen sowie auf die Pfoten der zu behandelnden Katze. Der natürliche Reflex einer Katze ist jetzt, sich umgehend mithilfe ihrer äußerst beweglichen Zunge die eingeschmierten Stellen zu reinigen. Und schon ist der Wirkstoff in der Katze. Soweit die Theorie.

Die Praxis sah allerdings anders aus. Gut, vielleicht trugen wir am erneuten Fehlschlag eine gewisse Mitschuld. Um wirklich auf Nummer sicher zu gehen, hatten wir vielleicht etwas reichlich Butter verwendet. Spikey sah nach unserer Einschmieraktion wirklich etwas derangiert aus, aber wie heißt es so schön – der Zweck heiligt die Mittel. Aber Pustekuchen: Ein völlig mit Butter versauter Spikey sah uns mit empörter Mine an und verweigerte jegliche Putztätigkeiten. Nach drei Tagen roch er dann ziemlich ranzig.

Freunde empfahlen uns nun den sogenannten *„Tabletteneingeber"*: ein spritzenartiges Gerät, dass man mit Wasser füllt, in das Mäulchen der vierbeinigen Patienten einführt und im Nullkommanix – dank Schluckreflex – die Tabletten mit dem Wasserstrom in den Rachen katapultieren kann. Und siehe da, wir hatten bei beiden Miezen großartige Erfolge. Tablettenverabreichen war von jetzt an problemlos. Na ja, zumindest beim ersten, zweiten und dritten Mal.

Aber Katzen sind ja nicht auf den Kopf gefallen und haben offensichtlich ein Gedächtnis, das es durchaus mit den grauen Zellen eines Elefanten aufnehmen könnte. Wenn Pünktchen heute auch nur das Geräusch der Schublade hört, in der sich der ungeliebte Tabletteneingeber befindet, verschwindet sie auf Nimmerwiedersehen unter dem Sofa.

Spikey lässt beim Anblick des mittlerweile verhassten Instruments aus tiefster Kehle Laute hören, die auch von einem bis aufs Blut gereizten Rottweiler stammen könnten. Eine neue Tabletten-Eingebe-Lösung ist noch nicht in Sicht. Für Ratschläge sind wir dankbar. .

Rechts- oder Linkspfötler?

Bei uns Menschen geht der Trend klar zur Rechtshändigkeit. 90 Prozent aller Menschen sind Rechtshänder. Aber auch in der Tierwelt gibt es Vorlieben für eine bestimmte Hand, Pfote oder Flosse. Schimpansen, bekanntermaßen unsere nächste Verwandtschaft im Tierreich, haben zum Beispiel einen klaren Hang zur Linkshändigkeit. Aber auch Kängurus und andere Beuteltiere bevorzugen ihre linke Pfote, wenn es darum geht, Nahrung zu greifen oder auch nur, um die juckende Nase zu kratzen.

Bei den traditionell als eigensinnig verschrienen Katzen sind dagegen Links- und Rechtspfötler etwa gleich stark vertreten. Allerdings, so eine Studie der University of Belfast, bevorzugen Kater eher die rechte und Kätzinnen eher die linke Pfote.

Kratzen muss sein

»Meine Katzen haben regelmäßig alle Auseinandersetzungen darüber, wo man Krallen wetzen darf oder nicht, für sich entschieden.«

Henning Mankell

Kratzen muss sein! Wo käme man denn als gestandene Katze hin, wenn es im ganzen Haus keine Stelle gäbe, wo man so richtig schön seine Krallen schärfen könnte. Aber muss es unbedingt das sündhaft teure Designersofa sein? Genau vor dieses Problem stellt uns neuerdings Spikey. Hatte Spikey bisher als Freigänger seine Klauen erfolgreich an Gartenbäumen (Kirsche geht ganz prima!) gewetzt, war aus unerklärlichen Gründen auf einmal unser Sofa das Ziel seiner Begierde. Dieses Sofa war, bevor es von Spikey mit unschönen Kratzern überzogen worden ist, Katharinas ganzer Stolz – noch vor ihrer umfangreichen Handtaschenkollektion. Natürlich ergriffen Katharina und ich Gegenmaßnahmen: ein, innerhalb von gefühlten 3,5 Sekunden von Katharina angeschaffter Kratzbaum vom Typ Merlin mit eingebauter Schlafhöhle und Spielabteilung, erhältlich für wirklich lächerliche 139 Euro, wurde von Spikey noch nicht einmal zur Kenntnis genommen.

Von dieser ersten Pleite ließen wir uns keinesfalls entmutigen. Rückschläge sind wir bei unseren Miezen gewohnt. Wir positionierten den ungeliebten Kratzbaum an gefühlt 35 neuen Orten, präparierten ihn mit verführerischer Katzenminze, besprühten Spikey bei verbotenem Kratzen am Sofa schweren Herzens mit der Wasserspritzpistole – alles erfolglos. *„Wir müssen ihm das mit dem Kratzbaum nur erst mal richtig zeigen“*, war sich Katharina nach dem Studium der einschlägigen Katzenpflegeliteratur im Internet sicher. Also schleppten wir Spikey zum ungeliebten Kratzbaum, hielten ihn in einer Art *„Erdmännchenposition"* in aufrechter Haltung gegen den Stamm des Kratzbaums und führten mit seinen Pfötchen kratzende Bewegungen aus.

Spikey schaute uns daraufhin lediglich mit einem entsetzten Blick an, der klar besagte, dass er uns für zwei völlig aus der Spur geratene Irre hielt, und trollte sich in Richtung Sofa, um dort – na ja, Sie wissen schon. Übrigens erst, nachdem er mir noch kurz kräftig in die Hand gebissen hatte.

Ein Freund gab uns dann den Ratschlag, das Ganze nicht mit physischer Gewalt, sondern deutlich eleganter, nämlich auf chemischem Weg zu lösen. Ein Sprühmittel namens *„No-Kratz"* hätte in Sachen *„Krallen weg vom Polstersessel"* bei seinem Kater Mowgli wahre Wunder bewirkt. Ein paar kleine Sprüher aus dem Zerstäuber von *„No-Kratz"* und schon hätte sich ein, in seinen Grundfesten zutiefst erschütterter Mowgli noch nicht einmal mehr in die Nähe des bereits schwer geschädigten Möbelstücks gewagt. Natürlich besorgten wir uns noch am gleichen Tag mehrere Liter des vermeintlichen Wundermittels und sprühten unser Sofa an den neuralgischen Stellen kräftig damit ein – ich meine, wirklich kräftig.

Habe ich eigentlich schon erzählt, dass Katharina unerschütterlich der Meinung ist: Viel hilft viel? Der Erfolg der chemischen Sofavermiesungsaktion war jedoch gleich Null. Dass unser Sofa, das doch jetzt laut Beipackzettel von *„No-Kratz"* *„angenehm nach Zitrusfrüchten"* duften sollte, stattdessen penetrant die Duftnote *„verfaultes Obst in der tiefsten Kanalisation"* aufwies, das hätten wir, bei einem positiven Ergebnis, noch mit zusammengebissenen Zähnen im wahrsten Sinne des Wortes ausgesessen. Aber dass Spikey nach etwa 0,5 Sekunden des Zögerns nicht nur seine Krallen am frisch präparierten Sofa ausgiebig schärfte, sondern anschließend zur Krönung auch noch auf dem Polster ein ausgiebiges Nickerchen machte, das war der endgültige Tiefpunkt unserer Bemühungen. Und auch die Zukunft lässt nichts

Gutes vermuten. Spikey traktierte das bedauernswerte Möbelstück jetzt mit einer – wenn das überhaupt geht – noch höheren Intensität. Fazit: Es wäre doch schön, wenn ein Möbelhersteller einmal den sicherlich vorhandenen Markt für *„kratzresistente"* und doch bequeme Möbelstücke entdecken würde.

Acoustic Kitty, die Spionagekatze

In den 1960er-Jahren, auf dem Höhepunkt des sogenannten *„Kalten Krieges"*, hatten einige führende Mitarbeiter des amerikanischen Geheimdienstes eine zündende, oder, besser gesagt, tierische Idee: Die Geheimdienstler wollten eine *„optimierte"* Hauskatze schaffen, mit der sie russische Botschaften oder möglicherweise sogar den Kreml selbst auskundschaften konnten.

Zu diesem Zweck wurden einer Katze, in einem etwa einstündigen Eingriff, Mikrophone in die Ohren implantiert, ein Funksender in den Schädel und ein Draht als Antenne in den Schwanz eingebaut. Das Top-Secret-Projekt *„Acoustic Kitty"* war geboren.

Ein Projekt, das damals, so war zumindest gerüchtweise aus Geheimdienstkreisen zu hören, immerhin die stolze Summe von 23 Millionen Dollar verschlang. In dieser Zeit ein doch recht erklecklicher Betrag. Aber diese 23 Millionen wurden im wahrsten Sinne des Wortes für die Katz ausgegeben. Bereits die erste derart ausgerüstete Katze wurde schon bei ihrem ersten ernsthaften Testlauf – sie sollte in einem Park zwei Mitarbeiter der sowjetischen Botschaft belauschen – von einem Taxi überfahren.

Und ab diesem Zeitpunkt kursieren zwei Versionen. Die eine besagt, dass die Katze sofort tot war. Die zweite Version ist für Katzenfreunde deutlich verträglicher:

Die verhinderte Spionagekatze überlebte den Unfall und durfte nachdem man ihr den ganzen Spionage-Krimskrams wieder rausoperiert hatte, fortan ein schönes Leben als normale Katze führen.

Das Projekt „*Acoustic Kitty*" wurde allerdings von den amerikanischen Geheimdienstlern relativ schnell ad acta gelegt. Einfach, weil man herausgefunden hatte, was alle Katzenbesitzer den Spionen schon vorher hätten sagen können, nämlich dass Katzen sich nicht darauf trainieren lassen, auf Befehl zu bestimmten Orten zu gehen und dort auch noch zu bleiben. Dafür sind Katzen zu eigensinnig.

Die Maus auf dem Kopfkissen

»Für eine Katze gibt es keinen triftigen Grund,
einem anderen Tier zu gehorchen,
auch wenn es auf zwei Beinen steht.«
Sarah Thompson

„Nimm das sofort da weg!" Der ungewohnt schrillen Stimme Katharinas war deutlich anzuhören, dass in unserem Schlafzimmer etwas ziemlich Unerfreuliches passiert war. In der Tat verriet schon ein kurzer Blick in Richtung Ehebett, was der Stein des Anstoßes war: eine Maus, genauer gesagt, eine tote Maus. Eine tote Maus, die Pünktchen liebevoll auf dem Kopfkissen meiner lieben Frau drapiert hatte.

Was uns automatisch zu der Frage bringt: Warum legen die Freigänger unter unseren Miezen eigentlich ihrem Herrchen oder Frauchen meist mehr oder weniger ramponierte Mäuse mit einem wohlwollenden Schwung vor die Füße bzw. in unserem Fall aufs Kopfkissen? Das ist eine Frage, die unter Katzenfreunden heftig diskutiert wird. Einige Katzenliebhaber glauben fest daran, dass sich die Katzen mit den Mäusen bei ihren Herrchen und Frauchen für die gute Pflege, das leckere Essen und die vielen Streicheleinheiten bedanken wollen. Das ist natürlich barer Unsinn.

Die Profis unter den Katzenbesitzern wissen: Dankbarkeit gehört nicht gerade zu den Vorzügen einer Katze. Der berühmte englische Verhaltensforscher Desmond Morris hat eine deutlich einleuchtendere Theorie aufgestellt. Morris glaubt, dass selbst die weniger schlauen Miezen mit der Zeit mitbekommen haben, dass ihre Besitzer hundsmiserable Mäusefänger sind. Muschi und Felix wissen genau, dass wir Menschen zwar zu äußerst beeindruckenden Leistungen fähig sind, wie etwa eine Kühlschranktür zu öffnen oder eine Packung Trockenfutter aufzureißen, aber dafür sind die Dosenöffner leider völlig unfähig, ohne Hilfsmittel eine Maus zu erbeuten. Weil aber Herrchen und Frauchen quasi zur Familie gehören, werden sie eben einfach *„mitversorgt"* – auch wenn die Besitzer diese Fürsorge oft nicht richtig zu schätzen wissen.

Da reißt man sich als Katze den plüschigen Hintern auf, um eine Maus zu erbeuten, und ist auch noch bereit, auf ein eigenes Dinner zu verzichten und die Beute einem Bedürftigen zukommen zu lassen. Und dann zeigen diese Ignoranten von Dosenöffnern noch nicht einmal das allerkleinste Zeichen von Dankbarkeit. Nein, ganz im Gegenteil, das undankbare Pack bricht auch noch in Protestgeschrei aus! Da kommt man als Katze ganz schön aus der Spur.

Aber wie kann man unseren Samtpfoten dieses unschöne Verhalten abgewöhnen? Wie kann man Mietze und Co. dazu bringen, ihre doch etwas unappetitlichen Geschenke für sich zu behalten und möglichst außer Hause zu verspeisen?

Einige Experten sind der Meinung, dass hier ein scharfer Tadel nichts bringt, möglicherweise sogar das Gegenteil bewirken kann.

Besteht doch die Chance, dass unsere Spitzohren die Kritik an ihrem Verhalten so auffassen könnten, dass sie zu wenige Mäuse anschleppen würden.

Also haben wir es bei Pünktchen mit Lob probiert: *„Ja, was bist Du nur für eine tolle Katze, dass Du uns diese hübsche Maus mitgebracht hast. Das hast Du ganz toll gemacht!"* Geholfen hat es nichts.

„Do-it-yourself-Intelligenztests" für Miezen

Sie wollen gerne wissen, ob Ihre Mieze vielleicht besonders schlau oder aber möglicherweise doch nur ein samtpfötiges Dummerchen ist? Dann müssen Sie zu einem *„Do-it-yourself-Intelligenztest"* für Katzen greifen. Das sind einfache Tests, die man auch zu Hause durchführen kann und die dennoch weitgehend wissenschaftlichen Standards genügen.

Ein wirklich guter Test für Katzen ist der sogenannte Zähltest: Man gibt seiner Mieze mehrmals täglich nacheinander vier Leckerlis. Aber aufgepasst, es müssen immer vier Stück sein, nicht mehr und nicht weniger. Meist kann man schon nach kurzer Zeit feststellen, dass die Katze nach dem vierten Stück sofort wieder abdreht und nicht auf ein mögliches fünftes Stück wartet. Unser kleiner Liebling hat nämlich mitgezählt. Wenn unsere Samtpfote jedoch nicht abdreht, sondern weiter wartet, ob da noch was kommt, dann heißt das entweder, sie kann nicht zählen und wird niemals Nuklearphysik studieren, oder aber sie ist ziemlich verfressen!

Für einen weiteren Test benötigt man lediglich einen Plastikbecher und eine Plastiktasse. Damit macht man folgendes: Man kippt beide, also Becher und Tasse, um und versteckt vor den Augen der Katze eine Belohnung, sprich ein Leckerli, unter dem Becher.

Die Katze merkt sich dann das Versteck. Nachdem man zehn Tage lang das Futter immer unter dem Becher versteckt hat, fordert man die Katze heraus: Man legt jetzt die Belohnung nicht mehr unter den Becher, sondern unter die Tasse. Die Katze wird natürlich zuerst zum Becher gehen und dort nachsehen, aber schlaue Katzen schauen anschließend sofort unter der Tasse nach. Etwas dümmere sind dann ratlos.

Der Todesbiss

»Fällt ihre Katze vom Baum, gehen sie besser ins Haus, um zu lachen.«

Patricia Hitchcock

Erfahrene Dosenöffner kennen das: Mieze sitzt im Winter auf dem Fensterbrett, im Garten lässt sich ein Vogel auf einem Ast nieder und sofort fängt der Stubentiger an, völlig unkontrolliert und hemmungslos mit den Zähnen zu klappern. Ein Geklapper, das den geneigten Beobachter befürchten lässt, das Gebiss könnte explodieren oder zumindest ernsthaft zu Schaden kommen. Die Experten sind sich nicht sicher, wie sie dieses *„Zähneklappern"* oder *„Schnattern"*, das unsere Spitzohren offensichtlich regelmäßig an den Tag legen, wenn sie etwas sehen, was sie furchtbar gerne fangen möchten, das aber leider nicht in Reichweite ist, interpretieren sollen. Als Ausdruck von Frustration oder Bedrohung? Führende Katzenversteher glauben, dass es sich beim *„Gebissrattern"* um ein *„Übungsverhalten"* handelt, das die Tötung eines Beutetiers vorwegnimmt oder einübt. Denn es besteht große Ähnlichkeit zu dem Biss, den die Katze anwendet, um ihre Beute zu töten. Der sogenannte *„Todesbiss"*, mit dem die Mieze fein säuberlich den Halswirbel ihrer Beute zertrennt.

Auch unsere beiden Katzen Pünktchen und Spikey sind – natürlich nur bei passender Gelegenheit – nicht nur eifrige, sondern auch begeisterte Gebissratterer. Das war auch der Grund, warum meine Frau, als Pünktchen in die Jahre gekommen war und das Haus nicht mehr verließ, vorschlug, zu Pünktchens Unterhaltung ein Vogelhäuschen auf dem Balkon zu installieren. Ein Vogelhäuschen als Katzenfernseher? Ich hatte ernsthafte moralische Bedenken. Außerdem musste ich immer noch an das Fiasko mit Spikey denken, der sich vor vielen Jahren einmal mit aller Gewalt in ein Vogelhäuschen zwängte – in der irrigen Annahme, jetzt würden ihm die Piepmätze quasi von allein ins Maul fliegen. Spikey, der eingezwängt im Vogelhäuschen große Ähnlichkeit mit einer griechischen Landschildkröte in ihrem Panzer hatte, musste damals mit einer Säge befreit werden. Aber das hat seiner Liebe für Vogelhäuschen keinen Abbruch getan. Katharina dagegen teilte meine Bedenken nicht: *„Sei nicht so spießig und gönn Pünktchen doch auch mal ein Vergnügen. Erstens kommt sie ja gar nicht an die Vögel ran und zweitens schaust Du Dir doch auch gerne Kochsendungen im Fernsehen an.“* Gegen so eine Logik ist nur sehr schwer anzukommen.

Letztendlich waren aber alle zufrieden: Meise, Amsel, Fink und Co., weil sie ein Futterhäuschen nebst ausreichend Nahrung zur Verfügung gestellt bekommen hatten, Pünktchen, die jetzt rund um die Uhr zu *„Kochsendungen“* hemmungslos ihr Gebiss rattern lassen konnte, und last but not least Katharina, weil sie mal wieder recht gehabt hatte.

Zum *„echten“* Fernsehen geht Spikey übrigens immer zu Heinrich. Dort schaut er zusammen mit Heinrich gerne Fußball – und ist dabei nicht wählerisch. Es muss nicht immer Champions League oder Bundesliga sein. Am Samstagnachmittag schaut Spikey auch schon gerne mal dritte Liga. Ein großer Tennisfan, wie es viele andere Katzen offensichtlich wegen der schnell fliegenden Bälle sind, ist er dagegen nicht. Spielfime oder Talkshows, selbst wenn sein Dosenöffner dort auftaucht, sind nicht so sein Ding. Unser eigenes Fernsehgerät straft er mit Nichtachtung. Nicht, dass bei uns der Fernseher nicht laufen würde. Schließlich müssen wir in Sachen *„Games of Thrones“* und *„House of Cards“* auf dem Laufenden bleiben. Das interessiert Spikey aber einen feuchten Dreck. Auch an Naturfilmen ist er nur mäßig interessiert – selbst wenn dort viele Vögel zu sehen und zu hören sind. Lediglich ein einziges Mal, als es in einem Film über den Schwarzwald eine badende Amsel zu bewundern gab, erhob er sich mühsam vom Sofa und marschierte zur Rückseite des Fernsehgeräts. Als er merkte, dass es dort keinen Zugang zur Amsel gab, schlich er wieder zurück auf seine Schmusedecke. Bei Pünktchen ist es ums Fernsehschauen noch schlechter bestellt. Pünktchen weiß wahrscheinlich noch nicht einmal, dass wir ein Fernsehgerät – übrigens der allerneusten Generation – besitzen.

Andere Katzen sind da anders. So hat unser Freund Markus berichtet, dass er seinen Kater Arnold stundenlang mit der DVD *„Cat fun"* beschäftigen kann. *„Cat fun"* ist ein Film, der ausschließlich für Katzen hergestellt wurde. In den einzelnen Sequenzen des Films sind viele sich schnell bewegende Tiere und dabei vor allem Vögel, immer wieder Vögel, aus allen Blickwinkeln zu sehen – und das in einer Endlosschleife. Arnold stört es offensichtlich überhaupt nicht, dass die gleiche Möwe alle 20 Minuten von links nach rechts durchs Bild watschelt. Arnolds Devise heißt ganz klar: *„Hauptsache Vögel"*. An Details ist er offensichtlich deutlich weniger interessiert. Nach reichlicher Überlegung haben wir darauf verzichtet, ebenfalls so eine DVD zu erwerben. Spikey ist ja doch eher Fußballfan.

Kirche, Katzen, Ketzer

Im frühen Mittelalter waren die Katzen noch allseits beliebt. Nicht nur in Klöstern, sondern auch an den Höfen des Adels waren Katzen gern gesehen. Gerade im Frühmittelalter galten Katzen als Symbol der Fruchtbarkeit. Das war auch der Grund, warum junge Paare, die auf reichlich Nachwuchs hofften, sich oft eine Katze hielten. Katzen galten außerdem als Beschützer des Hauses.

Im Hoch- und Spätmittelalter kam es allerdings zu einer Dämonisierung der Katze durch die Kirche. Die sah Katzen auf einmal überhaupt nicht mehr gern. Galten die Miezen doch als Verbindungsglied zu den alten heidnischen Religionen. So sollen Katzen beispielsweise den Wagen der germanischen Göttin Freya gezogen haben. Daher wurden Katzen von der Kirche auf einmal als Ausgeburt des Bösen bezeichnet, die angeblich über magische Fähigkeiten verfügten und Komplizen von Hexen wären. So befand beispielsweise der Franziskanermönch Berthold von Regensburg, einer der bekanntesten Prediger des Mittelalters, über die Katze: *„Der Atem, der aus ihrem Halse geht, ist Pest; und wenn sie Wasser trinkt und es fällt eine Träne aus ihren Augen, so ist die Quelle verdorben: Jeder, der fortan von ihr trinkt, erfährt den Tod.“*

Erschwerend hinzu kam noch, dass einige Geistliche gezielt auf die Ähnlichkeit der Wörter Katze und Ketzer hinwiesen. So schrieb etwa 1590 der Münchner Hofbibliothekar und bekannte Vertreter der Gegenreformation Aegidius Albertinus in seinem Werk *„Lucifers Königreich und Seelengejaidt“: „Also seind und bleiben die Katzen Katzen und die Ketzer Ketzer, denn sie seind einerlei Art.“*

Was folgte, waren lange Jahre der Katzenverfolgung durch die Kirche, in denen Hunderttausende von Katzen auf Scheiterhaufen verbrannt wurden oder auf andere äußerst brutale Weise getötet wurden.

Häuptling Röhrender Hirsch

»Ein Hund sitzt neben dir, während du arbeitest.
Eine Katze sitzt auf deiner Arbeit.«

Pam Brown

Jetzt im Januar ist es mal wieder so weit. Häuptling Röhrender Hirsch kommt wieder zu uns zu Besuch – und zwar jede Nacht. Immer so zwischen 4.00 und 6.00 Uhr. Das macht er schon seit etwa acht Jahren. Ein Besuch, der unüberhörbar ist. Denn Häuptling Röhrender Hirsch kündigt sein Kommen stets lautstark mit einem kräftigen Gesang an, der klingt, als käme aus einer südafrikanischen Vuvuzela das Geschrei eines hungrigen Babys, das man mit einem brünstigen Hirsch gekreuzt hat.

Jetzt ahnen Sie es wahrscheinlich schon: Bei Häuptling Röhrender Hirsch handelt es sich nicht um den Blutsbruder von Winnetou oder einen anderen Indianerhäuptling, sondern um einen Kater auf Freiersfüßen. Genauer gesagt, um einen liebestollen Kater, der von Frühlingsgefühlen übermannt auf der Suche nach einer rolligen Katzendame ist. Eigentlich ist Röhrender Hirsch ein ziemlich ramponiert aussehender Straßenkater, der jeden Januar aus dem Nichts in unserem Geviert auftaucht, um dort mit seinen Sangeskünsten möglichst viele Katzendamen zu beeindrucken und mögliche Rivalen einzuschüchtern. Nein, eine Schönheit ist Häuptling Röhrender Hirsch nicht gerade. Ein bisschen sieht er so aus, als hätte man „*Gollum*", die Elendsgestalt aus dem „*Herrn der Ringe*", erfolgreich mit einem völlig zerfetzten Teddybären gekreuzt. Aber Aussehen ist eben nicht alles. Ein beeindruckender Sänger ist der Häuptling allemal. Er erinnert mich immer ein bisschen an ... – nein, in Zeiten von Political Correctness verbietet es sich jetzt, Vergleiche mit menschlichen Sängern zu ziehen.

An Schlaf ist bei den Gesangseinlagen natürlich nicht mehr zu denken. Denn der vierbeinige Sangesterrorist heult exakt in fünfminütigen Abständen vor jeder Gartentür, bevor er weiterzieht. Mit der Zeit lernt man sehr genau auszurechnen, wann man selbst dran ist.

In Anbetracht seiner gesanglichen Fähigkeiten hat sich die gesamte Nachbarschaft relativ schnell auf den Namen „*Häuptling Röhrender Hirsch*" für den unbekannten Kater mit Migrationshintergrund verständigt. Nur die offensichtlich etwas schwerhörige ältere Dame in der Nr. 28 nennt den nächtlichen Ruhestörer unbeirrt „*Pavarotti*".

Spikey, ansonsten ungekrönter König des Hinterhofs, hasst Häuptling Röhrender Hirsch aus ganzem Herzen. Und das hat einen überaus verständlichen Grund: Schon zweimal ist er mit dem offensichtlich äußerst kampferfahrenen Rivalen aneinandergeraten. Beide Male musste er eine verheerende Niederlage einstecken, die einmal sogar mit einem Schlitz im Ohr samt dazugehörigem Tierarztbesuch endete. So etwas nagt heftig an einer tief in ihren Stolz verletzten Katerseele. Hört Spikey die Gesänge des verhassten Migrantenkaters, setzt er sich sofort hinter die Katzenklappe, die er mit einer seltsamen Mischung aus Wut und Angst für Stunden nicht mehr aus den Augen lässt.

Leider ist Häuptling Röhrender Hirsch möglicherweise ein dufter, aber keinesfalls ein gut duftender Typ. Er markiert und parfümiert regelmäßig unseren Hauseingang mit kräftigen Urinspritzern, die einem nahezu den Atem nehmen. Mitte März ist der Spuk meistens schon wieder vorbei. Der Häuptling verschwindet wieder – bis zum nächsten Januar.

Es war ein schwarz-weiß gefleckter Kater namens Oskar, der während des Zweiten Weltkrieges nicht nur zum Mythos wurde, sondern in die Marinehistorie gleich zweier Länder einging. Schließlich überlebte die Samtpfote in ihrer Funktion als Bordkatze innerhalb von nur sechs Monaten die Versenkung von gleich drei Schiffen.

Aber der Reihe nach: Wie und wann Oscar an Bord des deutschen Schlachtschiffs Bismarck kam, ist bis heute unbekannt. Auf jeden Fall war er auf der letzten Fahrt des gigantischen Schlachtschiffs, das am 27. Mai 1941 von der Royal Navy versenkt wurde, als Schiffskatze mit an Bord. Von den über 2000 Besatzungsmitgliedern des deutschen Schlachtschiffs konnten lediglich 119 von britischen Schiffen gerettet werden. Allerdings befand sich unter den Geretteten auch Oscar, der auf einem Balken treibend von Matrosen des englischen Zerstörers HMS Cossack an Bord geholt wurde und fortan dort beim *„Feind"* seinen Dienst als Schiffskater versah.

Allerdings dauerte sein Dienst auf dem britischen Zerstörer gerade mal fünf Monate, denn am 24. Oktober 1941 wurde das britische Kriegsschiff durch einen Torpedotreffer eines deutschen Unterseebootes schwer beschädigt und sank drei Tage. Nicht so Oscar. Der unverwüstliche Schiffskater überlebte auch diese Versenkung und wurde vorübergehend in die britische Kronkolonie von Gibraltar gebracht, um bereits nach wenigen Tagen auf der *„Ark Royal"*, dem größten und modernsten Flugzeugträger der britischen Flotte, anzuheuern. Aber auch der riesige Träger war nicht unverwundbar. Am 14. November 1941 sank die Ark Royal nach einem Torpedotreffer eines deutschen U-Boots östlich von Gibraltar.

Allerdings blieb genügend Zeit, um die gesamte Besatzung des Flugzeugträgers bis auf einen Mann zu retten. Und natürlich wurde auch Oskar nicht an Bord zurückgelassen.

Nach seiner dritten Versenkung innerhalb kürzester Zeit geriet Oskar jetzt allerdings unter den dringenden Verdacht, den Schiffen, auf denen er als Bordkatze diente, nicht gerade Glück zu bringen. Er wurde deshalb als vermeintlicher *„Unglückskater“* an Land versetzt. Bis zum Ende des Zweiten Weltkrieges lebte Oscar im Amtsgebäude des Gouverneurs von Gibraltar, wo er wohl eher repräsentative Aufgaben wahrgenommen hat.

Waldi oder Garfield

»Der Hund mag wundervolle Prosa sein,
aber nur die Katze ist Poesie.«
Französisches Sprichwort

Hund oder Katze, wer von beiden ist jetzt wirklich der beste Freund des Menschen? Kaum eine andere Frage spaltet Tierfreunde, nicht nur emotional, derart in zwei Lager. Wenn Sie mir dieses Frage stellen würden, käme wie aus der Pistole geschossen die Antwort: *„Katzen natürlich!“* Aber das wäre reichlich unfair, denn, wie Sie wissen, bin ich stolzer Dosenöffner zweier überaus geliebter Samtpfoten. Also lassen Sie uns die Sache einmal streng wissenschaftlich angehen. Aber geht das überhaupt? Welche Kriterien soll man dafür heranziehen?

Befragt man zum Beispiel die Statistik, haben Samtpfoten ziemlich deutlich das feine Näschen vorn. Mit 12,3 Millionen Exemplaren ist die Katze bei uns in Deutschland das führende Haustier. Hunde landen mit 7,7 Millionen Vertretern abgeschlagen auf Platz 2. Ein Blick über den großen Teich liefert ähnliche Verhältnisse: In den USA gibt es fast 94 Millionen Katzen, die 77,5 Millionen Hunden gegenüberstehen.

Auch die Frage der Intelligenz ist zu klären: Wer ist eigentlich schlauer – Hund oder Katze? Die wissenschaftlichen Erkenntnisse zu dieser Fragestellung sind eher dürftig. Das hängt damit zusammen, dass Katzen, wenn überhaupt, nur mit größter Mühe dazu bewegt werden können, an einem Intelligenztest teilzunehmen. Hunde zeichnen sich durch eine große Experimentierfreudigkeit aus. Katzen dagegen sind echte Minimalisten, die ein sich stellendes Problem zunächst ausgiebig von allen Seiten betrachten. Bloß kein

Pfotenschlag zu viel, lautet hier ganz klar die Devise. Nicht arbeiten, sondern andere für einen arbeiten lassen. Pünktchen beherrscht diese Maxime geradezu weltmeisterlich.

Und wie sieht es mit den messbaren geistigen Gaben aus? Katzen können immerhin bis vier zählen, hat ein Freiburger Haustierforscher herausgefunden. Hunde schaffen es auch nach langer Übung noch nicht einmal bis zwei. Vorteil Stubentiger. Vorteile für Hunde gibt es dafür eindeutig in der Zusammenarbeit zwischen Mensch und Tier. Schließlich arbeiten Waldi und Co. ja schon seit vielen Jahren erfolgreich als Blinden-, Lawinen- oder Drogensuchhunde. Katzen haben auf so einen Job schlicht und einfach keinen Bock. Oder haben Sie schon einmal etwas von einem Polizeikater gehört? Nein? Sehen Sie! Und das mit der Ausbildung der Miezen wäre, glaube ich, auch nicht einfach. Das bringt uns auch schon zur persönlichen Einschätzung unserer tierischen Hausgenossen.

Während Hundebesitzer ungemein die unverrückbare Treue ihres Lieblings schätzen – nicht umsonst spricht man von der *„treuen Hundeseele"* –, rühmen Katzenbesitzer den Stolz und die Unabhängigkeit ihrer Miezen. *„Hunde haben Herrchen, Katzen haben gut ausgebildetes Personal"*, ist die Devise. Wobei die Betonung auf *„gut ausgebildet"* liegt.

Und wie lautet jetzt das Resümee dieses kleinen Exkurses?

Da bin ich überfordert, ich bin ja nicht objektiv. Das müssen Sie schon selbst herausfinden!

Normalerweise sind deutsche Gerichtssäle für Tiere tabu. Aber eben nur normalerweise. Im Jahr 2013 wurde eine Katze vom Amtsgericht Ansbach als Zeugin geladen. Genauer gesagt, eine mittelfränkische Katze namens *„Lumpele"*. Lumpele war, aus welchen Gründen auch immer, ihrer Familie davongelaufen und bei einer anderen Dame eingezogen. Die neue Besitzerin aber wollte Lumpele nicht mehr hergeben und wurde deshalb von den alten Besitzern auf Herausgabe verklagt. Also wurde auf Anordnung des Amtsgerichts Ansbach bei diesem Rechtsstreit die Katze als Zeuge geladen. Will heißen, die neue Besitzerin musste die Katze ins Gericht mitbringen und auf dem Parkplatz des Gerichts frei laufen lassen.

In Anlehnung an Brechts *„Kaukasischen Kreidekreis"* wollte das Gericht mit dieser Maßnahme feststellen, zu wem die Katze läuft, wer also ihr wirklicher Besitzer ist. Lumpele ließ sich aber durchaus lumpen und hat sich zunächst eine ganze Zeit lang unter einem Auto verkrochen. Auf Anordnung des hohen Gerichts sollten in einem zweiten Versuch Kläger und Beklagte die Katze auf den Arm nehmen, um so über die Reaktion der Katze den einzig wahren Dosenöffner zu ermitteln.

Dummerweise zeigte Lumpele aber bei allen Beteiligten ein

ähnliches Verhalten. Letztendlich konnten die alten Besitzer schließlich mit Fotos beweisen, dass die Katze ihnen gehört. Das Gericht verurteilte die neue Besitzerin von Lumpele dazu, der Familie das Tier zurückzugeben.

Der Krieg an der Klappe

»Das Letzte, was ich einer Katze nachsagen würde, ist Harmlosigkeit.«

Edward Paley

Eine Katze braucht viel Schlaf. Experten schätzen, dass unsere Miezen rund drei Viertel des Tages verpennen. Bleibt nach Adam Riese eine Wachphase von rund sechs Stunden übrig. Von diesen verbleibenden sechs Stunden verbrachte Pünktchen jahrelang rund fünf Stunden damit, unserer Nachbarskatze Pinella einen so großen Schaden wie möglich zuzufügen. Das galt auch umgekehrt. Jetzt wissen wir aus Erfahrung, dass zwei Katzendamen im gleichen Haus deutlich weniger harmonieren als zwei Kater oder gar ein Kater und eine Kätzin.

Aber die Abneigung oder sollte ich vielleicht doch eher sagen, der abgrundtiefe Hass, der Pünktchen und Pinella miteinander verband, ging weit über die üblichen Befindlichkeiten zweier verfeindeter Katzenladies hinaus. Sprich: Es war täglich ein Zickenterror von gewaltigen Dimensionen angesagt. Oder um es etwas opulenter auszudrücken: Es ereignete sich das, was später als der *„zehnjährige Katzenklappenkrieg“* in die Annalen der Karlsruher Händelstraße eingehen sollte.

Ging man sich im Garten oder auf der Straße tunlichst aus dem Weg, sah das im Treppenhaus anders aus: Beide Katzendamen hatten nämlich herausgefunden, dass man an einer der Katzenklappen, die in unserem Haus den Miezen den Zugang zum Hausflur bzw. zum Garten ermöglichen, der Konkurrenz so richtig eins auswischen kann. Kann man doch den Augenblick, in dem die Gegnerin just den Kopf durch die Klappe steckt, dazu nutzen, um diese dem jetzt relativ wehrlosen Opfer mit einem donnernden Pfotenhieb auf die Nase zu schlagen. Wenn man den Schlag so richtig mit Schmackes ausführt, wird man auf der anderen Seite der Klappe mit einem wütenden Fauchen oder, noch besser, einem jämmerlichen Geheul belohnt. Wussten sie eigentlich, dass Katzendamen so richtig triumphal gucken können? Katern geht das völlig ab.

Jahrelang nutzten die beiden Kombattantinnen jede, aber auch wirklich jede Gelegenheit, wenn es darum ging, die strategische wichtige Position an der jeweils richtigen Seite der Katzenklappe einzunehmen – und das oft stundenlang.

Einmal schlich sich Pinella sogar in unsere Wohnung und verwehrte dem vom nächtlichen Streifzug heimkehrenden Pünktchen offensichtlich dauerhaft den Zutritt zum eigenen Heim. Eine Tatsache, die wir zu unserer Schande leider erst relativ spät bemerkten. Pünktchen war danach so angefressen, dass sie 36 Stunden lang die Aufnahme jeglicher Nahrung verweigerte. War doch ihr in höchstem Maße unloyaler Dosenöffner seiner Pflicht nicht nachgekommen und hatte diese in höchstem Maße unerwünschte *„Fremdkatze“* nicht sofort der Wohnung verwiesen.

Klar, dass bei dieser überaus heftigen Beanspruchung im Lauf der Jahre die eine oder andere Katzenklappe aus den Angeln gerissen und dabei irreparabel zu Schaden gekommen ist. Wir haben daraufhin im Internet eine Fünferpackung Katzenklappentüren nachbestellt. Dass es so etwas wie eine Fünferpackung überhaupt gibt, weist übrigens deutlich daraufhin, dass es Katzenklappenkriege auch in anderen Haushalten gibt.

Mittlerweile ist Pinella schon seit über zwei Jahren verstorben. Manchmal habe ich – Intimfeindin hin, Intimfeindin her – den seltsamen Eindruck, sie fehlt unserem Pünktchen ganz gewaltig. Aber das würde Pünktchen natürlich niemals zugeben.

Wir Menschen träumen oft, was das Zeug hält: schöne Träume, aber auch Verfolgungs- oder Angstträume. Aber wie sieht es im Tierreich aus? Träumen Tiere, vielleicht auch unsere Katzen?

Ob Tiere tatsächlich träumen, das hat die Wissenschaft bisher noch nicht eindeutig nachweisen können. Aber es gibt einige starke Indizien, dass sie es tun.

Schlafforscher haben vor einiger Zeit herausgefunden, dass wir Menschen vor allem während der sogenannten *„REM-Phasen“* träumen. REM steht für *„Rapid Eye Movement“*, also für schnelle Augenbewegungen. Das ist eine Schlafphase, in der wir Menschen unsere Augen unter den geschlossenen Augenlidern sehr oft hin und her bewegen. Genau diese REM-Phasen hat man auch bei Tieren nachgewiesen – allerdings nicht bei allen Tieren. Lediglich einige Säugetiere, wie etwa Affen, Elefanten, Hunde und auch Katzen, durchleben diese Phasen. Sogenannte niedere Tiere, Reptilien, Amphibien, Fische, von Insekten ganz zu schweigen, haben dagegen keinen REM-Schlaf. Die Frage, was denn Tiere träumen, ist schwierig zu beantworten. Man kann die Tiere ja schlecht fragen.

Allerdings hat vor Kurzem ein französischer Forscher zu diesem Thema ein hochinteressantes Experiment mit Katzen durchgeführt. Er hat mithilfe von speziellen Medikamenten verhindert, dass bei Katzen die natürliche Muskelerschlaffung einsetzte, die typisch für den REM-Schlaf ist. Und siehe da, auf einmal fingen die Katzen an, diverse Bewegungsabläufe während des Schlafes durchzuführen: Sie liefen umher, sträubten das Fell, machten einen Buckel, als wären sie mit einer ungeliebten Artgenossin konfrontiert. Und das alles während eines Tiefschlafes, aus dem man sie noch nicht einmal mit Lichtblitzen oder verführerisch duftendem Futter wecken konnte. Möglicherweise, so die Interpretation der Wissenschaft, gehen Katzen und andere Tiere im Traum noch einmal das durch, was sie tagsüber erlebt haben.

Der Stachelmigrant

»Das Rätselhafte an der Katze ist,
warum sie sich je dazu entschieden hat,
ein Haustier zu werden.«

Compton Mac Kenzie

Nein, so ein komisches Lebewesen hatte Pünktchen noch nie gesehen. Ein Lebewesen, dass sich keiner Katzen bekannten Kategorie zuordnen ließ: Ein Vogel konnte es nicht sein, der wäre schon längst weggeflogen. Für eine Maus war es zu groß. Für ein Kaninchen war es zu klein. Zudem schien der Neuankömmling in unserem Garten noch unter massiven Hautproblemen zu leiden. Oder wie sonst wäre diese komische stachelige Haut zu erklären? Letztendlich war auch die allerwichtigste Frage noch nicht geklärt.

Die einzige Frage, die eine Katze wirklich interessiert: Kann man so ein Teil überhaupt essen? Was läge also näher, als sich dem unbekannten Wesen vorsichtig zu nähern und mit sanften Pfotenhieben zu erkunden, wen oder was man da vor sich hatte. Der Igel, zoologisch vorgebildete Leser haben das längst erkannt, fauchte nach dem ersten Hieb allerdings nur kurz und rollte sich dann zu einer stachelbewehrten Kugel ein. Da Pünktchen relativ schnell begriff, dass es gegen diese Art bei der Verteidigung außer blutigen Pfoten nichts zu holen gab, griff sie zu ihrem letzten, aber allzeit bewährten Mittel: Sie bepinkelte das Stacheltier von oben bis unten und zog sich anschließend empört in die Wohnung zurück. Jetzt dürfen Sie nicht denken, dass Pünktchen irgendwie fremdenfeindlich eingestellt wäre und dem eher rechts-extremen Katzenlager zuzuordnen wäre. Pünktchen unterscheidet keineswegs zwischen alteingesessenen Gartenbewohnern und tierischen Migranten. Pünktchen empfindet einfach alles, was in ihrem Garten bzw. ihrem

Haus auf zwei, vier oder sechs Beinen daherkommt und nicht essbar ist, als bodenlose Zumutung.

Ganz anders unser Kater Spikey, der sich dem bestachelten Neuankömmling sofort ungeniert näherte und ihn mit einem freundschaftlichen Nasenstupser begrüßte. Der Igel zeigte sich auch Spikey gegenüber recht aufgeschlossen und rollte sich eben nicht zu einer Stachelkugel ein. Im Gegenteil, er ließ Spikeys manchmal doch etwas unbeholfenen und groben Aufmerksamkeiten freundlich-geduldig, fast könnte man sagen, sogar mit einem gewissen Lustgewinn über sich ergehen.

Katharina und ich hatten für dieses ominöse Verhalten wieder einmal zwei völlig unterschiedliche Erklärungsansätze parat: Während ich Spikeys überaus tolerantes Verhalten pries und Katharina lang und breit erklärte, dass es auch bei Katzen so etwas wie eine Willkommenskultur gäbe, glaubte Katharina, dass unser Spikey den Igel höchstwahrscheinlich für einen etwas derangierten Artgenossen gehalten hatte. Einen Artgenossen, der eben größere Probleme mit seiner Haut hat. Na ja, über Spikeys geistige Fähigkeiten haben wir schon öfter gesprochen. Wie formulierte es ein Nachbar neulich etwas herzlos? *„So hübsch und so dumm."* Das haben wir Spikey natürlich nicht erzählt.

Tibbles – Killer und Entdecker

Eine neue Tierart entdeckt, aber dann gleich wieder ausgerottet zu haben, das ist der zweifelhafte Verdienst einer Katze namens Tibbles. Tibbles kam 1894 mit ihrem Besitzer, dem Leuchtturmwärter David Lyall, nach Stephens Island – eine Insel, die von allen Neuseeland vorgelagerten Inseln den Leuchtturm mit der größten Leuchtkraft hat. Auf der Insel angelangt, traf Tibbles bei ihren Streifzügen auf den Stephenschlüpfer, eine winzige Vogelart aus der Familie der sogenannten Maorischlüpfer. Eine Art die, wie fossile Funde zeigen, ursprünglich in Neuseeland weit verbreitet war, aber später durch die Einschleppung der Pazifischen Ratte durch die Maori auf den größeren Inseln ausgerottet worden war. Lediglich auf Stephens Island hielt sich noch eine winzige Population des dämmerungsaktiven Vögelchens, die aufgrund seiner Flugunfähigkeit für Fressfeinde aller Art eine leichte Beute darstellte. Die endgültige Ausrottung des Stephenschlüpfers geht, zumindest wenn man der Legende folgt, auf das Konto eines einzigen Tieres – nämlich von Tibbles.

Die fürsorgliche Katze brachte schon bald nach ihrer Ankunft auf der Insel ihrem Besitzer von ihren Beutezügen mehrere tote Vögel mit. Vögel, die der ornithologisch durchaus interessierte Leuchtturmwärter jedoch nicht identifizieren konnte und sie deshalb an einen Vogelhändler verkaufte, der die reichlich ramponierten Kadaver wiederum zwei Ornithologen übergab. Beide erkannten ziemlich schnell und unabhängig voneinander, dass sie hier eine neue, noch nicht wissenschaftlich beschriebene Vogelart in den Händen hielten. Insgesamt lieferte Tibbles bei seinem Herrchen 17 tote Vögel ab. Danach war die neu entdeckte Art bereits wieder ausgestorben. Tibbles hatte also die neue Vogelart entdeckt, aber in Rekordzeit wieder ausgerottet: Noch nie in der Geschichte der Biologie lag ein so winziger Zeitraum zwischen der wissenschaftlichen Beschreibung einer neuen Tierart und ihrem Aussterben.

Nach neueren Erkenntnissen darf die *„Alleinschuld"* Tibbles jedoch stark bezweifelt werden. Es gab neben Tibbles wohl auch noch weitere – verwilderte – Katzen auf der Insel, die mit dafür sorgten, dass der Stephenschlüpfer endgültig ausgerottet wurde.

Das Terrorcamp

»Hunde kommen, wenn sie gerufen werden.
Katzen nehmen die Mitteilung zur Kenntnis
und kommen gelegentlich darauf zurück.«

Mary Bly

„Nein, raus darf Spikey auf gar keinen Fall, Sie müssen ihn schon noch drei, vier Tage drin behalten.“ Natürlich wusste der so kompetente und auch immer nette Tierarzt meines Vertrauens, Dr. Göhler, nicht, dass er mit diesem schlichten Satz unsere Wohnung für die nächsten Tage in eine Art Gefangenenlager oder, besser gesagt, Terrorcamp verwandeln würde.

Aber vielleicht von Anfang an: Spikey hatte sich mal wieder eine epische Schlacht mit seinem Lieblingsfeind Bilbo, dem rot-weißen Kater aus der Bachstraße, geliefert. Die Kampfhandlungen, die sich mit kurzen Unterbrechungen über mehrere Nachtstunden erstreckt hatten, brachten zwei Resultate mit sich.

Erstens: Der Nachbargarten ähnelte dank der Unterwolle-Büschel, die sich die beiden Kombattanten mit gezielten Pfotenhieben gegenseitig aus dem Fell gefetzt hatten, einem erntereifen Baumwollfeld.

Zweitens: Beide Katzenherren mussten – da ziemlich ramponiert – dem Tierarzt vorgeführt werden. Mal wieder. Dort war man der aus ärztlicher Sicht durchaus verständlichen Meinung, dass diverse Biss- und Kratzwunden deutlich besser in der Wohnung ausheilen können als in Gärten oder Hinterhöfen. Also blieb die Katzenklappe für die nächsten Tage geschlossen.

Natürlich war Spikey mit dieser ärztlichen Verordnung überhaupt nicht einverstanden. Schließlich konnte er jetzt

weder seinen diversen Verpflichtungen noch den schönen Dingen des Lebens nachkommen: sein Revier auf unliebsame Eindringlinge kontrollieren, bei seiner Intimfreundin Kosi und anderen Katzendamen nach dem Rechten sehen, einen weiteren vergeblichen Versuch starten, eine Taube aus der Luft zu pflücken. Vor allem – und das war für ihn wahrscheinlich am allerschlimmsten – konnte er unseren Nachbar Heinrich nicht mehr besuchen, wo Wienerwaldhähnchen und anderen kulinarischen Köstlichkeiten auf ihn warteten.

Und was macht man, wenn einem der Ausgang verweigert wird? Man terrorisiert seine Dosenöffner. Man setzt sich vor die geschlossene Katzenklappe und jammert und jammert und jammert. Wussten sie eigentlich schon, dass ein Kater bis zu gefühlten 23 Stunden pro Tag jammern kann?

Am dritten Tag, als unser Nervenkostüm nur noch aus kleinen Fetzen bestand, drängte sich mir der Vergleich zum berüchtigten US-Gefangenenlager Guantanamo auf: Nur waren in der Händelstr. 24 die Wärter die Gefolterten und nicht die Gefangenen. Bilbo war nach allem, was man so hört, sogar noch länger in der Rekonvaleszenz.

Können eigentlich auch Katzen Alzheimer bekommen?

Die Alzheimerforschung an Tieren und damit auch an Katzen, steckt noch in den Kinderschuhen. Neuere Forschungsergebnisse zeigen jedoch, dass Katzen offensichtlich sehr wohl an Demenz und speziell auch an Alzheimer erkranken können. In wissenschaftlichen Untersuchungen konnten im Gehirn älterer Katzen größere Mengen von sogenannten *„Beta-Amyloiden“* nachgewiesen werden, also genau die Eiweiße, die bei an Alzheimer erkrankten Menschen die Signalübertragung im Hirn stören und dadurch zur Demenz führen. Beobachtungen zeigen, dass Alzheimererkrankungen bei Katzen nicht gerade selten auftreten. So geht man heute davon aus, dass jede zweite Katze, die über 15 Jahre alt ist, unter mehr oder weniger heftigen Demenzerscheinungen leidet. Die Symptome ähneln dabei denen, die wir auch vom Menschen her kennen. So verlieren an Alzheimer erkrankte Katzen zum Beispiel oft ihr Orientierungsvermögen und finden nicht mehr heim. Oft starren sie ins Leere, wandern ziellos umher, haben kein Interesse mehr an ihrem Spielzeug oder erkennen in schwereren Fällen sogar ihr vorher so heiß geliebtes Herrchen oder Frauchen nicht mehr. Leider sind die Möglichkeiten, seiner an Alzheimer erkrankten Katze in dieser schweren Zeit helfend zur Seite zu stehen, eher überschaubar. Heilbar ist Alzheimer auch bei Tieren nicht. Man kann nur versuchen, das erkrankte Tier beispielsweise durch viel Spielen oder abwechslungsreiche Spaziergänge möglichst lange einigermaßen geistig fit zu halten. Darüber hinaus kann möglicherweise eine vom Tierarzt verordnete Spezialnahrung, die reich an sogenannten Antioxidantien ist, hilfreich sein.

Wie hypnotisiere ich meinen Dosenöffner?

*»Ich liebe Katzen, weil ich mein Heim liebe
und sie nach einer Weile dessen sichtbare Seele werden.«*
Jean Cocteau

Als Haustiere sind Katzen ein Kapitel für sich: charmant und verschmust, aber auch eigenwillig bis zum Starrsinn. Sie sind nur sehr schwer von etwas zu überzeugen, was ihnen auch nur ein kleines bisschen widerstrebt. Umgekehrt setzen die Samtpfoten ihren Willen bei uns Menschen aber fast immer nahezu spielerisch durch.

Erfahrene Katzenbesitzer wissen schon lange, dass es für unsere Miezen lediglich eine Finger-, pardon Krallenübung ist, ihre *„zuständigen"* Menschen zu manipulieren und für ihre Zwecke einzuspannen – sprich ihnen auf der Stelle die Dose mit dem Futter aufzumachen, die Wohnungstür auch zum 27. Mal am Tag geduldig zu öffnen oder ihnen auf Wunsch, oder besser gesagt auf Befehl, sofort ein paar ausgiebige Streicheleinheiten zu verpassen.

An dieser Stelle wäre bei Katzenbesitzern jetzt eigentlich ein tiefer Seufzer angebracht. Aber wie machen das unsere Miezen? Wie wickelt man seinen Dosenöffner geradezu spielerisch um den Finger? Wie wird man ein vierbeiniger Meister der Manipulation? Verfügen die Stubentiger über geheime Hypnosekräfte, haben sie alle die Gesamtausgabe der Werke von Machiavelli gelesen oder sind sie vielleicht sogar bei einem besonders ausgefuchsten Mafia-Don in die Lehre gegangen? Der Verdacht drängt sich auf.

Aber vor Kurzem haben englische Wissenschaftler herausgefunden, auf welche raffinierte Art und Weise die Miezen ihre Menschen wirklich manipulieren: Die Katzen bauen in ihr *„Schnurren"* – was gibt es Schöneres als eine zufrieden schnurrende Katze – gezielt bestimmte Klagelaute ein, mit denen sie die Menschen darauf aufmerksam machen, dass sie ordentlich Hunger haben und dringend etwas zu fressen benötigen. Diesen Klagelauten können Menschen offensichtlich nur schwer widerstehen.

Die englischen Wissenschaftler vermuten, dass die heimliche Manipulation auch deshalb so gut funktioniert, weil sich die Klagelaute in einer Frequenz befinden, in der auch die Heulschreie von kleinen Kindern liegen. Welcher einigermaßen zivilisierte Mensch kann schon so hartherzig sein und das Geschrei eines hungrigen Babys ignorieren?

Aber unsere Samtpfoten sind sogar noch geschickter in Sachen Manipulation: Die Forscher von der Insel haben herausgefunden, dass die Katzen ihre Klagelaute gezielt und individuell an ihre Besitzer anpassen können, wenn sie erst einmal herausbekommen haben, dass sie mit einem bestimmten Laut bei Herrchen oder Frauchen zum Erfolg bzw. zum Futternapf kommen.

Katzen im Weltall

Während Russen und Amerikaner in der bemannten Raumfahrt in den 1950er- und 1960er-Jahren auf Hunde bzw. auf Affen als tierische Astronauten setzten, schickten die Franzosen am 18. Oktober 1963 eine Katze ins All: Félicette, die erste und bisher einzige Katze im Weltraum.

Die schwarz-weiß gemusterte Pariser Straßenkatze war zuvor zusammen mit fünf anderen Katzen in einem speziellen Trainingsprogramm auf ihre Mission vorbereitet worden. Die Rakete mit Félicette an Bord erreichte eine Höhe von immerhin 157 Kilometern.

Nach einem Flug von rund zehn Minuten – inklusive fünf Minuten in der Schwerelosigkeit – kehrte Félicette per Fallschirm wohlbehalten in ihrer Landekapsel wieder auf die Erde zurück.

Der Name Félicette wurde übrigens als Hommage an den berühmten amerikanischen Cartoon-Kater *„Felix the Cat“* gewählt.

Mobbing

»Man muss Katzen nicht beibringen,
wie man es sich gemütlich macht, in dieser Hinsicht
sind sie von unerschöpflichem Erfindergeist.«

James Mason

Schlägt man im allgegenwärtigen Internetlexikon Wikipedia den Begriff *„Mobbing"* nach, findet man dort folgende Definition: *„Mobbing steht im engeren Sinn für Psychoterror am Arbeitsplatz mit dem Ziel, Betroffene aus dem Betrieb hinauszuekeln."* Fälle von Mobbing gibt es aber nicht nur bei uns Menschen, sondern offensichtlich auch bei Tieren. Genauer gesagt bei Katzen – oder, um es noch weiter einzugrenzen, bei Pünktchen und Spikey. Ich hatte bereits mehrfach erwähnt, dass es sich bei Pünktchen um eine Art Katzeneremitin, beinahe schon Katzenautistin handelt. Pünktchen schätzt weder zwei- noch vierbeinige Gesellschaft. Als einigermaßen akzeptable Mitbewohner werden lediglich ihr geliebter und einfach zu manipulierender Dosenöffner und seine Hilfskraft akzeptiert.

Bei der Hilfskraft – Sie werden sich das schon gedacht haben – handelt es sich übrigens um meine Frau. Aber wo ist in Pünktchens Kosmos ein weiterer Mitbewohner, nämlich Spikey, angesiedelt? Lange Zeit glaubten wir, Pünktchen akzeptiert Spikey – wenn auch mit zusammengebissenen Zähnen – als ungeliebten, aber leider, da körperlich überlegen, nicht zu verhindernden Mitbewohner. Was kannten wir da unser Pünktchen schlecht! Mit der Zeit kam heraus, dass Pünktchen keineswegs geneigt war, sich in ein Schicksal zu fügen, das Dosenöffner und Hilfskraft ihr in ihrer unglaublichen Unsensibilität und grenzenlosen Dummheit bereitet hatten. Pünktchen mobbt Spikey konsequent, wo immer es geht – und das mit Konsequenz und Raffinesse.

Ein paar Beispiele gefällig? Will Spikey zur Katzenklappe rein, wird diese von innen konsequent von Pünktchen durch *„Hintern-Dagegenstemmen"* blockiert. Will sich Spikey auf seine Lieblingsdecke setzen, wer sitzt da bereits? Einmal hat das kleine Luder sogar in Spikeys Fressnapf gepinkelt.

Natürlich mobbt Pünktchen nur dann, wenn sie sich unbeobachtet fühlt, denn der Dosenöffner könnte das vielleicht nicht so lustig finden. Allerdings laufen Pünktchens Mobbingversuche, und mögen sie noch so raffiniert sein, ständig ins Leere. Spikey kontert Pünktchens Psychoterror nicht etwa durch massiven Gegenterror, sondern schlicht und einfach mit zuvorkommender Liebenswürdigkeit. Auf Pünktchens große und kleine Schikanen reagiert Spikey lediglich mit freundlicher Gelassenheit. Will heißen: Er schnüffelt freundschaftlich an Pünktchens Hintern und schnurrt dabei wie eine gut geölte Nähmaschine. Nur am Fressnapf lässt Spikey sich nicht die Butter vom Brot nehmen. Männer wissen halt, worauf es im Leben wirklich ankommt.

Ab und an, wenn es Spikey und Pünktchen mal wieder zu schlimm getrieben haben, sprich, wenn wir zum Beispiel den weitflächig verteilten Kadaver einer Amsel in unserem Ehebett vorfinden, überlegen wir, wenn auch nur sehr kurz, ob wir die beiden nicht vielleicht doch an duldsamere Dosenöffner abgeben und uns dafür zwei *„Companion Cats"* anschaffen sollen. Sie wissen nicht, was Companion Cats sind? Macht nichts, wir bis vor Kurzem auch nicht.

Eine Beilage unserer Sonntagszeitung hat uns dann informiert: Bei Companion Cats handelt es sich um niedliche Roboterkatzen, die vom amerikanischen Spielzeughersteller-Giganten Hasbro für ältere Menschen entwickelt wurden, die zwar Katzen lieben, sich aber nicht um eine lebende Katze kümmern können oder wollen oder denen die Haltung eines Tieres von der Leitung ihres Seniorenheimes untersagt wurde. Companion Cats sind nicht nur rein äußerlich, wenn auch nicht gerade täuschend echt, einer lebendigen Mieze nachempfunden, sondern verhalten sich, dank zahlreicher eingebauter Sensoren, auch wie eine solche. Das Zauberwort in Sachen Companion Cats heißt interaktiv: Streichelt man dem Roboterkätzchen beispielsweise sanft über das Köpfchen, wird man mit Köpfchengeben und einem wohligen Schnurren belohnt. Messen die Sensoren eine nachhaltige Streicheleinheit am Rücken, wirft sich Robo-Cat auf den Rücken und präsentiert seinen Bauch für weitere Streicheleinheiten – eben genau wie ein richtiges Kätzchen.

Verzichtet man eine Zeit lang auf das Streicheln des Katzenroboters, hält dieser ein kleines Schläfchen bzw. geht in den Stand-by-Modus. Durch sanftes Streicheln kann der geneigte Senior das offensichtlich wohlig vor sich hindösende mechanische Haustier wieder zum Leben erwecken.

Die Vorteile einer Companion Cat liegen auf der Hand: Bei einem Abgabepreis von knapp 100 Dollar hat sich so eine Roboterkatze schnell amortisiert. Schließlich brauchen die Ersatzwesen weder Nahrung noch Wasser. Ein Katzenklo und der Tierarztbesuch entfallen auch. Roboterkatzen führen auch mitten in der Nacht keine Weckaktionen durch, nur weil ihnen vielleicht ein kleines bisschen der Magen knurrt. Aber am allerwichtigsten ist: Tote oder nur ein bisschen tote Mäuse auf dem Kopfkissen oder eine liebevoll auf dem Frühstückstisch drapierte Vogelleiche gehören ebenfalls der Vergangenheit an. Lediglich ab und an werden ein paar neue Batterien benötigt.

Aber Vorteile hin, Vorteile her, nach reiflicher Überlegung der Sachlage, beschließen wir dann doch mit regelmäßiger Sicherheit, Pünktchen und Spikey eine, wenn auch allerletzte Chance zu geben. Natürlich danken die beiden uns diese Großzügigkeit in keiner Weise.

Warum Katzenaugen im Dunkeln leuchten

Katzen begeben sich bekanntermaßen vorzugsweise nachts auf Mäusejagd. Und wer bei der nächtlichen Jagd erfolgreich sein will, muss im Dunkeln gut sehen können. Genau zu diesem Zweck sind Katzen mit speziell ausgerüsteten Augen ausgestattet. Unsere Miezen besitzen im hinteren Teil des Auges eine spezielle, glänzende Schicht, das sogenannte *„Tapetum lucidum"*, das ähnlich wie ein Spiegel wirkt. Diese Schicht bewirkt, dass das ins Auge einfallende Licht, nachdem es die Netzhaut mit ihren Sehzellen passiert hat, zurückgespiegelt wird und auf diese Weise nochmals die lichtempfindliche Zone durchläuft. Dadurch können die Sehzellen der Katzen das wenige einfallende Licht gleich doppelt nutzen. Und natürlich lässt dieses reflektierte Licht die Augen aufleuchten. Bei den meisten Hauskatzen übrigens gelbgrün, bei blauäugigen Katzen rot.

Eine Eigenschaft, die unseren Altvorderen ziemlich unheimlich war. Da wurde so manche harmlose Mieze schnell mit dem Satan in Verbindung gebracht. Übrigens, in Sachen *„Tapetum lucidum"* sind Katzen nicht allein: Auch Rehe, Haie, Krokodile oder Igel besitzen eine Spiegelschicht im Auge, die das Licht zurückwirft. Uns Menschen dagegen fehlt eine *„Leuchttapete"*. Das ist auch der Grund, warum Katzenaugen rund sechsmal lichtempfindlicher sind als Menschenaugen. Dafür haben wir uns das Katzenaugenmodell anderweitig zunutze gemacht – bei den sogenannten *„Katzenaugen"*, den Rückstrahlern an unseren Fahrrädern.

Frau Apfelbacher

»Das Leben und dazu eine Katze,
das ergibt eine unglaubliche Summe, ich schwör's euch!«
Rainer Maria Rilke

Erfahrene Dosenöffner sind sich sehr sicher: Katzen können die Uhr lesen. Oder wie sonst wäre es zu erklären, dass unsere Miezen – natürlich vom Hunger getrieben – ihr zweibeiniges Personal beispielsweise gezielt um Punkt 6.00 Uhr morgens aus dem Bett werfen oder sich auf die Minute pünktlich exakt um 19.30 Uhr am gedeckten Abendessenstisch einfinden?

Pünktchen und Spikey haben in Sachen Zeitgefühl sogar noch deutlich mehr drauf: Sie können offensichtlich einen Kalender lesen. Denn die beiden wissen genau, welcher Wochentag aktuell ist. Woher ich das weiß? Das hängt alles mit Frau Apfelbacher zusammen. Bei Frau Apfelbacher handelt es sich um eine freundliche, ältere Dame, die jeden Freitag um 8.00 Uhr morgens zu uns kommt, um in unserer Wohnung für *„klar Schiff"* zu sorgen. Und da genau liegt der Hund, äh die Katze begraben.

Kaum hat Frau Apfelbacher unsere Wohnung betreten, holt sie eine absolute Höllenmaschine, geradezu ein wahres Teufelswerkzeug, aus unserer Abstellkammer: den Staubsauger. Ein fürchterliches Gerät, das für Katzenohren unzumutbare, entsetzlich klingende und überaus bedrohliche Töne von sich gibt. Ein Gerät, das für Spikey und Pünktchen irgendwo zwischen einem Nebelhorn und einer Guillotine angesiedelt ist.

Jetzt soll es, Gerüchten zufolge, Katzen geben, denen man keine größere Freude machen kann, als ihnen das mehr oder weniger üppig haarende Fell sorgfältig mit einem leise vor sich hin brummenden Handstaubsauger abzusaugen. Katzen, die sich dann wohlig schnurrend auf dem Rücken liegend hin und her wälzen und die vermeintliche Massage mit großem Lustgewinn genießen.

Pünktchen und Spikey gehören jedoch leider nicht zu dieser Gruppe. Pünktchen und Spikey hassen den Staubsauger und damit auch die arme Frau Apfelbacher mit einer Inbrunst, wie man sie sonst nur noch bei unter Drogen stehenden religiösen Fanatikern findet.

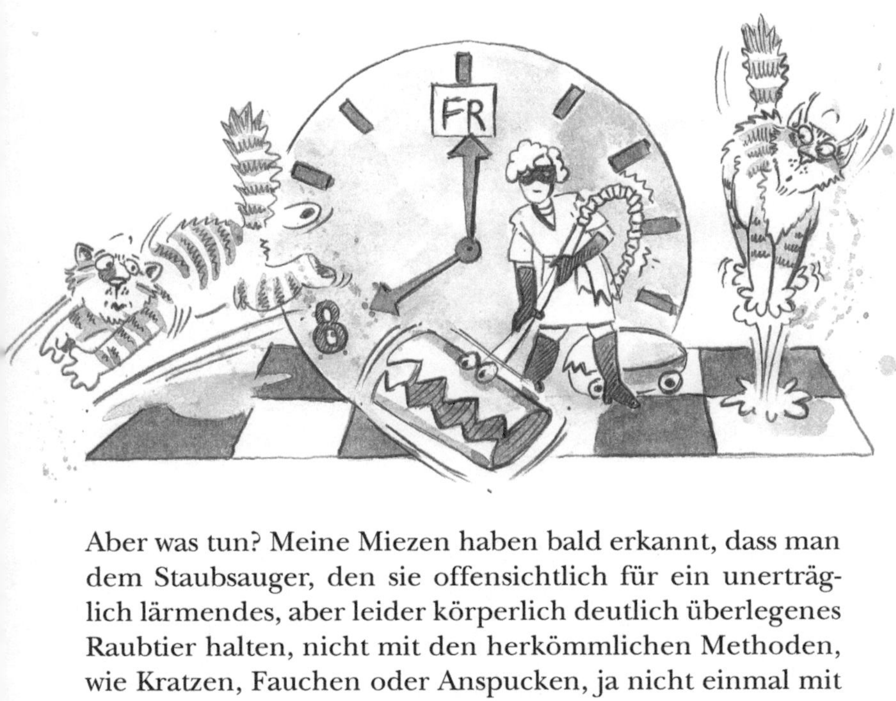

Aber was tun? Meine Miezen haben bald erkannt, dass man dem Staubsauger, den sie offensichtlich für ein unerträglich lärmendes, aber leider körperlich deutlich überlegenes Raubtier halten, nicht mit den herkömmlichen Methoden, wie Kratzen, Fauchen oder Anspucken, ja nicht einmal mit dem sonst so wirkungsvollen Anpinkeln, beikommen kann.

So haben sie letztendlich die körperliche Überlegenheit des Staubsaugers akzeptiert und sich deshalb für eine Ausweichtaktik entschieden. Dabei kommt ihnen zugute, dass sie nicht nur den Kalender, sondern auch die Uhr lesen können: Jeden Freitag zwischen 7.50 Uhr und 7.55 Uhr verlassen unsere Miezen, wie von unsichtbaren Fäden gesteuert, unsere Wohnung, um die nächsten vier Stunden *„Frau-Apfelbacher-frei"* im Keller bzw. im Garten zu verbringen. Natürlich nicht, ohne Katharina und mich vorher mit einem bis ins Mark reichenden, vorwurfsvollen Blick bedacht zu haben. Strafe muss schließlich sein.

Der Chief Mouser von Downing Street No. 10

Die berühmteste Katze Großbritanniens ist der sogenannte *„Chief Mouser to the Cabinet Office"* (deutsch: *„Oberster Mäusejäger des Kabinetts"*), so der inoffizielle Titel der Hauskatze des Premierministers des Vereinigten Königreichs, der in der Downing Street No. 10 residiert. Chief Mouser erfreuen sich in England größter Beliebtheit und sind daher ständig Gegenstand von Berichten, nicht nur der Boulevardpresse.

Ein geradezu legendärer Chief Mouser war Humphrey, ein schwarz-weißer Kater, der insgesamt drei britischen Premierministern diente. Mit der eisernen Lady Margret Thatcher und John Major verstand sich Humphrey ganz ausgezeichnet, wie sein damals ausgestelltes Dienstzeugnis beweist: *„Er ist ein Workaholic, der fast seine gesamte Zeit auf seinem Posten verbringt. Er ist nicht vorbestraft, legt wenig Wert auf Gesellschaft, treibt sich nicht auf Partys rum und war nach unserem Kenntnisstand noch nie in Sex- oder Drogenskandale verwickelt."*

Aber als die Tories von der Labourparty abgelöst wurden, brachen für Humphrey schwere Zeiten an. Cherie, die Frau von Premierminister Tony Blair, konnte angeblich Katzen nicht leiden und soll sogar die Entlassung des überaus beliebten Katers gefordert haben. Was wiederum zu massiven Protesten von Humphrey-Freunden aus ganz England führte. Diese Proteste waren derart heftig, dass sich der Pressesprecher Blairs genötigt sah, den geplanten Rausschmiss des Katers zu dementieren. Und damit nicht genug: Es wurde auch ein Foto veröffentlicht, das Cherie Blair und Humphrey in friedlicher Koexistenz zeigte.

Allerdings wurde Humphrey nur wenig später, angeblich auf tierärztlichen Rat, wegen eines angeblichen Nierenleidens endgültig zwangspensioniert. Nun befürchteten englische Katzenfreunde abermals eine vermeintliche Intrige Cherie Blairs gegen den beliebten Kater. Es kamen sogar Gerüchte auf, die *„Katzenfeindin"* habe die Ermordung des Katers angeordnet. Um dies zu dementieren, ließ Tony Blair deshalb, nur wenige Tage später, ausgewählte Pressevertreter zum neuen – und streng geheim gehaltenen – Heim Humphreys bringen. Dort hatten diese Gelegenheit, den Kater zu besuchen und ihn zum Beweis, dass er noch unter den Lebenden war, auf aktuellen Tageszeitungen sitzend zu fotografieren. Am 20. März 2006 gab ein Regierungssprecher offiziell bekannt, dass Humphrey im stolzen Katzenalter von 18 Jahren verstorben sei.

Die Sache mit der Salatgurke

»Manchmal sitzt sie zu deinen Füßen und schaut dich an, mit einem Blick so schmeichelnd und zart, dass man überrascht ist über die Tiefe seines Ausdrucks. Wer kann nur glauben, dass hinter solchen strahlenden Augen keine Seele wohnt?!«

Théophile Gautier

Vor ein paar Jahren waren sie im Internet der absolute Hit: Kleine Youtube-Filmchen, in denen Katzenbesitzer ihren vierbeinigen Liebling mithilfe einer Gurke erschrecken. Die Vorgehensweise ist dabei fast immer die gleiche: Herrchen schleicht sich von hinten an die Katze heran, die sich gerade intensiv ihrem Fressnapf bzw. Futter widmet und platziert heimlich eine Salatgurke hinter dem arglosen, mit Futtern beschäftigten Tier. Erblickt die Katze beim Umdrehen die Gurke, erschrickt sie so sehr, dass sie meist senkrecht in die Luft springt.

Zur angeblichen „*Salatgurkenphobie*" unserer Miezen kursieren im Internet, aber auch in der seriösen Wissenschaft eine ganze Menge Theorien – wie könnte es anders sein.

Die gängigste These ist dabei die sogenannte Schlangenhypothese: Die besagt, dass eine Salatgurke von Form und Größe her an eine – zugegebenermaßen durchaus korpulente – Schlange erinnert und Katzen bereits seit Urzeiten eine genetisch fixierte Furcht vor Schlangen besäßen. Gegen diese Theorie spricht, dass Katzen kleinere Schlangen durchaus als Beute betrachten. Zudem sind Katzen nicht dumm, denn schließlich bewegt sich eine Gurke im Gegensatz zu einer Schlage nicht.

Andere Experten glauben dagegen, dass die von der Gurke ausgelöste Panik nichts mit der Gurke per se zu tun hat, sondern dass man den Fluchtreflex der Katzen auch mit einem anderen Gegenstand auslösen kann. Entscheidend für die Reaktion der Katze sei die Tatsache, dass Katzen gegenüber Gegenständen, die sie nicht sofort einordnen können, äußerst misstrauisch sind. Erschwerend kommt hinzu, dass der Überraschungseffekt kombiniert mit einem unbekannten Gegenstand auch noch in einer sogenannten „*Behaglichkeitszone*" rund um den Fressnapf stattfindet. Einer Zone, in der sich Katzen eigentlich sicher fühlen. Da ist Panik vorprogrammiert.

Wissenschaftliche Theorien sind gut und schön, ersetzen jedoch keineswegs persönliche Erfahrungen. Zumindest in den meisten Fällen ist das so. Also habe ich das berühmte Gurkenexperiment mit Spikey nachgestellt und habe, während er gerade mit großem Behagen sein Lieblingstrockenfutter gemampft hat, direkt hinter ihn eine große, fette Salatgurke platziert – die größte, die es im Supermarkt zu kaufen gab, sozusagen eine Mega-Salatgurke. Das Ergebnis des häuslichen Experiments war jedoch eher ernüchternd.

Als sich Spikey nach einer überaus zeitintensiven Nahrungsaufnahme endlich umgedreht hat, hat er sich keineswegs nach der gängigen Lehrmeinung gerichtet. Im Gegenteil, er war überhaupt nicht erschrocken, sondern hat ziemlich cool reagiert. Er hat lange, nein sogar sehr lange, die Salatgurke angeschaut und dann anschließend mich mit einem noch längeren Blick bedacht, der nur allzu deutlich signalisiert hat: „*Was soll der Scheiß? Bist du eigentlich noch im grünen Bereich? Hast du nichts Besseres zu tun?*"

Katharina, die das Experiment ebenfalls beobachtet hatte, meinte, der Blick von Spikey hätte auch eine große Portion Mitleid mit mir ausgedrückt. Okay, Spikey war also von einer Gurke nicht aus der Fassung zu bringen. Aber da war ja noch Pünktchen. Also nächster Abend, gleiche Gurke, andere Katze. Aber auch bei Pünktchen war der geplante Gurkenschock, um es vorsichtig zu formulieren, überschaubar. Nachdem sie die Gurke in ihrem Rücken entdeckt hatte, näherte sie sich dem Fremdobjekt und untersuchte es in aller Ruhe. Als Pünktchen feststellte, dass Gurken offensichtlich nur etwas für Katzenveganer, nicht aber für gestandene Karlsruher Elitekatzen sind, trollte sie sich in Richtung Katzenklappe. Übrigens: Im Internet zirkuliert sogar ein Video, auf dem zu sehen ist, wie eine Katze die Gurke schlicht und einfach auffrisst. Offensichtlich gibt es doch Katzen, die nicht nur mutig, sondern auch vegan veranlagt sind.

Tierpsychologen raten übrigens dringend davon ab, den „*Gurkentrick*" anzuwenden – schon gar nicht mehrfach. Die Katzenversteher fürchten, dass damit die Katzen nicht nur gewaltig unter Stress gesetzt werden, sondern dass sie danach möglicherweise nicht mehr fressen bzw. den Fressnapf künftig meiden.

Vor ein paar Jahren haben wir es bei unseren Miezen auch mal mit moderner Technik probiert. Zu diesem Zeitpunkt hat ein amerikanischer Hersteller eine Handy-App namens „*Cat Snaps*" auf den Markt gebracht, mit der Katzen Selbstporträts anfertigen können. Will heißen, unsere Miezen konnten auf einmal „*Selfies*" machen.

Das Prinzip ist vergleichsweise simpel: Auf dem Bildschirm eines Tablet-PCs rennt eine virtuelle Maus hin und her. Eine Maus, die virtuell hin, virtuell her, natürlich sofort den Jagdinstinkt der geneigten Katze weckt. Schlägt die Mieze dann mit ihrem Pfötchen zu, wird dank Touchscreen die Kamera ausgelöst und, schwupps, hat unsere Samtpfote ein Selfie produziert. Das ist zumindest die Theorie.

„*So eins brauchen wir auch*", meinte Katharina sofort, nachdem ich ihr von dieser sensationellen Errungenschaft menschlichen Erfindergeistes berichtet hatte. Mein zarter Einwand, dass ich den Sinn von kätzischen Selbstaufnahmen nicht so recht verstehen könnte, weil unsere Katzen Pünktchen und Spikey doch diese selbst geschossenen Bilder wohl kaum über Facebook oder Twitter verbreiten würden, brachte mir nur ein mitleidiges Kopfschütteln ein. Im Gegensatz zu ihrem stockkonservativen Gatten steht meine Frau den neusten Errungenschaften der Technik überaus aufgeschlossen gegenüber. Außerdem ist sie *„appsüchtig"*. Aber das nur nebenbei.

Also wurde in Windeseile *„Cat Snaps"* heruntergeladen und anschließend sofort auf unserem iPad Pünktchen und Spikey präsentiert. Die Ergebnisse des kleinen Experiments waren allerdings eher überschaubar. Pünktchen fingerte recht lustlos zehn Sekunden lang auf dem Display des iPads herum – allerdings ohne die Kamera auszulösen – und trollte sich dann mit leicht angewidertem Blick in Richtung Futternapf. Spikey verkroch sich schon allein beim Anblick des iPads erbärmlich maunzend unter dem Sofa. Ein vermeintlicher Kampfkater, der Angst vor einem iPad hat! Ich glaube, wir müssen mit ihm zum Tierpsychologen gehen.

Aus lauter Frust haben wir dann selbst die virtuelle Maus gejagt und ein paar Selfies von uns gemacht. Unsere beiden Katzen haben wir dann mit einer stinknormalen Kamera fotografiert und die Bilder über Facebook verbreitet. Wir hatten irgendwie das Gefühl, das waren wir Pünktchen und Spikey schuldig.

Warum Katzen wasserscheu sind

Katzen sind, Ausnahmen bestätigen die Regel, extrem wasserscheu. Warum Katzen tunlichst den Kontakt zu Wasser meiden, ist aber noch nicht hundertprozentig geklärt. Allerdings ist bekannt, dass sich das Fell von Katzen relativ schnell mit Wasser vollsaugt und dadurch Katzen bei der Jagd bzw. Flucht massiv behindert – gerade bei den langhaarigen Rassen. Erschwerend kommt hinzu, dass der Körper deutlich schneller auskühlt, wenn das Wasser durch das Fell bis auf die Haut vordringt.

Nach einer anderen Theorie sind Katzen evolutionsbiologisch gesehen einfach kein Wasser gewöhnt, schließlich stammen die Vorfahren der Samtpfoten aus den trockenen Wüsten, Halbwüsten und Savannen Afrikas.

Ein weiterer möglicher Grund, warum Katzen Wasser meiden, ist die Tatsache, dass Wasser Katzen einen Teil ihrer Persönlichkeit nimmt. Katzen besitzen an Kinn, Wangen und am Schwanzansatz sogenannte Pheromondrüsen, mithilfe derer sie Duftstoffe abgeben können. Mit diesen Duftstoffen können sie sich untereinander verständigen. Außerdem besitzt jede Katze ihren eigenen Duft. Einen Duft, der sie von allen anderen Katzen unterscheidet. Und genau mit diesem Duft fettet die Katze beim Putzen ihr Fell ein. Wird das Fell jedoch nass, geht dieser Identifikationsduft verloren und die Katze verliert einen Teil ihrer Persönlichkeit.

Katzensprache

»Ein Leben ohne Katze ist möglich – aber sinnlos!
Zum Fressen geboren, zum Kraulen bestellt,
in Schlummer verloren gefällt mir die Welt.
Ich schnurr' auf dem Schosse,
ich ruhe im Bett in lieblicher Pose,
ob schlank oder fett. So gelte ich allen als göttliches Tier,
sie stammeln und lallen und huldigen mir,
liebkosen mir glücklich Bauch, Öhrchen und Tatz –
ich wählte es wieder, das Leben als Katz!«

Johann Wolfgang von Goethe

Folgt man Wissenschaftlern der Universität Lincoln, verfügen Katzen über lediglich drei verschiedene Gesichtszüge. Die englischen Biologen hatten mithilfe einer speziellen Software namens CatFACS (Facial Action Coding System) die Gesichtszüge von 29 Katzen eines kanadischen Tierheims genau analysiert und dabei herausgefunden, dass die Mimik der Samtpfoten doch ziemlich begrenzt ist. *„Mäßig interessiert"*, *„Furcht"* und *„Frust"*, das sind die Gesichtsausdrücke, die unseren Miezen nach Auswertung der Bilder zur Verfügung stehen.

„Glück" oder *„Trauer"* sucht man dagegen in der Mimik der Stubentiger vergebens. Leider treffen diese Forschungsergebnisse, wie so oft, mal wieder nicht auf unsere Katzen zu. *„Mäßig interessiert"*, *„Furcht"* ja und *„Frust"* sowieso. Aber Pünktchen und Spikey haben noch einen vierten Gesichtsausdruck in petto. Wir nennen ihn etwas beschönigend *„verwundert"*.

Etwas freier übersetzt: *„Hast Du eigentlich noch alle Tassen im Schrank, so blöd wie Du kann selbst der dümmste Mensch nicht sein."* *„Verwundert"* kommt immer dann zum Einsatz, wenn die Dosenöffner zum Entsetzen von Pünktchen und Spikey wieder etwas falsch gemacht haben. Pünktchen kann sogar noch mit einem fünften Gesichtsausdruck aufwarten: *„ausgesprochen angefressen"*. Dazu findet sich mehr im Kapitel über Besuch und andere Schicksalsschläge. Das haben wir übrigens alles ohne Gesichtserkennungssoftware herausgefunden.

Wenn es um den Gesichtsausdruck einer Katze geht, kommt man an *„Grumpy Cat"* nicht vorbei. Diese Katze mit dem ewig mürrischen Gesichtsausdruck mutierte innerhalb weniger Monate, eben wegen dieses mürrischen Gesichtsausdrucks, von der stinknormalen Katze zu einem echten Internetstar. Wobei Grumpy Cat, die eigentlich Tartar Sauce heißt und 2012 im US-Bundestaat Arizona geboren wurde, selbst nichts für ihren mürrischen Gesichtsausdruck kann. Denn der ist das Produkt einer leichten, genetisch bedingten Behinderung, namens *„feliner Kleinwuchs"*, die den Anschein erweckt, als ob Grumpy Cat ihre Mundwinkel missbilligend nach unten zieht.

Der Hype um die ewig *„mürrische Katze"* begann am 22. September 2012, als der Bruder der Besitzerin auf der beliebten Internetdiskussionsseite *„Reddit.com"* ein Bild von Grumpy Cat postete. Nur 24 Stunden später war das Bild bereits über 25000 Mal geliked worden. Nach diesem ersten Erfolg ging es für Grumpy Cat und ihre Besitzerin Tabatha Bundesen, dank zahlreicher Grumpy-Cat-Produkte, vor allem finanziell steil nach oben. Allein bis Ende 2013 wurden, folgt man dem *„New York Magazine"*, mehr als 100000 T-Shirts mit dem Gesicht der Star-Katze verkauft. Dazu kamen Grumpy-Cat-Plüschtiere, -Sticker, -Socken, -Malbücher und sogar ein *„Grumppuccino"*-Kaffee auf den Markt – übrigens gleich in drei unterschiedlichen Geschmacksrichtungen. Der Internethändler Amazon hat mittlerweile über 10000 verschiedene Grumpy-Cat-Devotionalien im Angebot.

Natürlich hat Grumpy Cat mittlerweile längst eine eigene Webseite und ist auch bei Facebook und Twitter aktiv. Zwei

Bücher erschienen bereits über Grumpy Cat, die es beide sogar auf die Bestsellerliste der *„New York Times"* schafften. Last but not least mutierte die Katze mit dem mürrischen Gesichtsausdruck auch noch zum Filmstar. Sie ergatterte die Hauptrolle im Weihnachtsfilm *„Grumpy Cat's Worst Christmas Ever"* (*„Grumpy Cats schlimmstes Weihnachten"*).

Aber auch als Werbeikone macht die mürrische Katze offensichtlich eine gute Figur: Als ein amerikanischer Katzenfutterhersteller Grumpy Cat als Werbefigur engagierte und einen entsprechenden Werbefilm bei Youtube einstellte, wurde dieser bereits in der ersten Woche über 300000 Mal angeklickt.

Inzwischen ist Grumpy Cat ein gern gesehener und mittlerweile auch ziemlich routinierter Talk-Show-Gast. Sogar in die in den USA überaus beliebte Kultsendung *„Good Morning America"* hat es die Promikatze geschafft.

Mittlerweile steht sogar eine Kopie von Grumpy Cat im weltberühmten Wachsfigurenkabinett von Madame Tussauds. Die artifizielle Grumpy Cat besteht jedoch keineswegs aus Wachs, sondern aus Fiberglas, Silikon und jeder Menge künstlichem Haar. Eine eingebaute Elektronik sorgt dafür, dass die Figur mit den Ohren wackeln, den Kopf heben und den Besuchern zublinzeln kann. Selfies mit der Doppelgängerkatze sind übrigens ausdrücklich erwünscht.

Und wie verträgt eine Katze wie Grumpy Cat diesen Rummel um ihre Person? Offensichtlich besser als erwartet. Nach Aussage ihre Besitzerin zeigt die Promikatze keinerlei Starallüren, sondern bleibt mit allen vier Pfoten auf dem Boden. Wie jede stinknormale Katze auch, schläft Grumpy Cat ziemlich viel und fällt in der übrigen Zeit ihrer Dosenöffnerin kräftig auf die Nerven.

Folgt man der britischen Tageszeitung *„Express"* dann hat die Katze mit dem mürrischen Blick ihrer Besitzerin Tabatha Bundesen bisher über 100 Millionen Dollar eingebracht. Ihr Manager – klar, dass ein derartiger vierbeiniger Superstar einen eigenen Manager hat – bestreitet diese Summe. Aber egal, ob jetzt 100 Millionen Dollar oder etwas weniger, da kommt bei mir natürlich der Wunsch auf, Pünktchen oder Spikey würden auch mal etwas mürrisch in die Weltgeschichte schauen. Ich würde sie dann auch ganz sicher bei Madame Tussauds besuchen.

Die Katzen der Eremitage

Die Eremitage im russischen St. Petersburg ist eines der größten und bedeutendsten Kunstmuseen der Welt. Der ehemalige Winterpalast der russischen Zaren beherbergt über 60000 Exponate, darunter viele Kunstschätze von Weltruhm. Aber nicht nur die Kunstsammlung, sondern auch einige vierbeinige Bewohner der Eremitage haben es mittlerweile zu großer Popularität gebracht: die berühmten *„Museumskatzen"* der Eremitage.

Die Museumsmiezen haben eine über 250-jährige Geschichte. Das hat einen guten Grund: Mitte des 18. Jahrhunderts herrschte im Winterpalast, der Residenz der russischen Zaren, eine massive Ratten- und Mäuseplage. Die Plage war derart groß, dass sich die damals herrschende Zarin Elisabeth Petrowna, Tochter Peter des Großen, höchstpersönlich genötigt sah, einen Befehl zu erlassen, wonach aus dem rund 1000 Kilometer entfernten Kasan *„die größten und besten Katzen zu fangen und unverzüglich an den Hof zu bringen seien"*. Tatsächlich traf bald eine Kutschenladung Katzen in St. Petersburg ein, die sich auch unverzüglich daran machte, die Nagerplage zu reduzieren.

Ein echter Nackenschlag für die Museumskatzen kam dann 1991 mit dem Zusammenbruch der Sowjetunion. Aufgrund der damals katastrophalen finanziellen Situation gab es kein Geld mehr, um die Katzen der

Eremitage angemessen zu versorgen. Daraufhin riefen Museumsmitarbeiter die Aktion *„Ein Rubel für eine Katze“* ins Leben, um Geld für ausreichend Futter für die ziemlich heruntergekommenen Katzen zu generieren, und bald ging es den Miezen wieder besser. Heute bekommen die Tiere mehrere Mahlzeiten am Tag und werden angemessen medizinisch versorgt.

Allerdings durchstreifen die Katzen nicht mehr, wie zu Katharina Zeiten, die Ausstellungsräume, sondern leben auf dem Hof bzw. in den weiträumigen Kellern der Eremitage.

Mittlerweile haben sich die Katzen der Eremitage zu einer echten Sehenswürdigkeit entwickelt. Viele Touristen besuchen heute die Eremitage allein der Katzen wegen. Selfies mit Museumskatzen sind ein absolutes Muss.

Kiffen mit Katzen

»Katzen sind geheimnisvoll.
In ihnen geht mehr vor, als wir gewahr werden.«
Sir Walter Scott

Manchmal, wenn wir uns einen kleinen Spaß nach dem Abendessen gönnen wollen, setzen wir Spikey unter Drogen. Nein, nicht das, was Sie jetzt denken. Spikey bekommt weder Koks noch Ecstasy verabreicht noch einen Joint zu rauchen. Wir setzen auf eine legale Droge: Katzenminze, die Superdroge für Katzen.

Katzenminze, eine ausgesprochen ansprechende Pflanze, erinnert auf den ersten Blick – schon von der violetten Blütenfarbe her – so ein bisschen an Lavendel und gehört auch zu den Lippenblütlern. Ursprünglich war die Katzenminze in Südeuropa und Afrika heimisch und wurde erst seit Mitte des 18. Jahrhunderts bei uns in Mitteleuropa eingeführt. Auffällig ist der starke Duft, den die Blätter verströmen. Ein Geruch, der an Minze und Zitrone erinnert – nomen est omen.

Bereits im Mittelalter war bekannt, dass Katzenminze eine große Anziehungskraft auf Katzen ausübt. So berichtet bereits im 13. Jahrhundert der große Universalgelehrte Albertus Magnus, dass Katzen sich mit Katzenminze *„imprägnieren"*. Der französische Botaniker Joseph Pitton de Tournefort schreibt im frühen 18. Jahrhundert in seinem Werk *„Institutiones rei herbariae"*: *„Wenn eine Katze sie gerochen hat, macht sie sich entzückt darüber her, stürzt sich wie wild hinein, tollt um sie herum, reibt sich in den merkwürdigsten Haltungen ausführlich und lange an ihr und spielt mit ihr; schließlich frisst sie sie vollständig auf."*

Führende Katzenwissenschaftler gehen davon aus, dass Katzen durch den Konsum von Katzenminze einen *„psycho-*

aktiven Rausch" erfahren. Ob unsere Miezen dann die Welt in anderen Farben sehen, ist nicht bekannt. Da besteht durchaus noch Forschungsbedarf. Verantwortlich für die berauschende Wirkung der Katzenminze sind zwei ätherische Öle namens Actinidin und Nepetalacton. Substanzen, die direkten Einfluss auf das Nervensystem unserer Miezen ausüben.

Junge Katzen – etwa bis zum dritten Lebensmonat – sind generell gegen die Wirkung von Katzenminze immun. Danach teilt sich die Katzencommunity in zwei Gruppen auf: Die Katzenjunkies und immerhin 30 Prozent Samtpfoten, auf die Katzenminze keinerlei Wirkung ausübt. Offensichtlich ist eine mögliche Affinität der Miezen zur Katzendroge in den Genen fixiert. Unterschiede zwischen Katern und Kätzinnen in Sachen Katzenminzekonsum konnten bisher nicht beobachtet werden.

Nach dem, was man heute weiß, hat Katzenminze keinerlei schädliche Nebenwirkungen – wenn man einmal davon absieht, dass einige wenige Kater nach dem Genuss des Katzenjoints auch mal zu Randalen neigen.

Katenminze scheint allerdings keine aphrodisierende Wirkung zu besitzen, da auch kastrierte Katzen wie unser Spikey hemmungslos ihrem Rausch verfallen.

Abhängig können unsere Samtpfoten von Katzenminze nicht werden, so die moderne Wissenschaft. Gott sei Dank: Ein Spikey, der schon morgens vor dem Bett um einen „*Schuss*" Katenminze bettelt, wäre wahrscheinlich unerträglich. Pünktchen gehört übrigens zu den 30 Prozent „*Katzenminze-Ignoranten*".

Das Katzenminze-Prozedere bei Spikey ist dabei immer das gleiche. Zunächst holen wir aus einer hochgeheimen Schublade ein kleines, beim Katzenzubehörladen für etwa zwei Euro erhältliches Stoffkissen, das prall mit verführerisch riechender Katzenminze gefüllt ist.

Dieser Katzenjoint wird dann einem bereits mit zitternder, hoch erhobener Schwanzspitze, nervös wartenden Spikey mit großer Geste überreicht. Und der macht sich in Sachen Drogenkonsum sofort ans Werk:

Zunächst kaut er das Kissen kräftig durch bzw. besabbert es mit all dem Speichel, den er irgendwie zur Verfügung stellen kann. Ist das Kissen dann triefnass, klemmt er es sich unter die linke Backe und schiebt es ähnlich wie einen kleinen Wischmob über das Holzparkett. Sind etwa drei bis fünf Quadratmeter auf diese Weise *„abgefahren"*, hält er das Kissen mit beiden Vorderpfoten fest und rollt sich mehrfach um die Längsachse. Dabei stößt er die ganze Zeit gurrende Laute aus, die der geneigte Betrachter als *„sehr glücklich"* interpretiert. Nach etwa einer halben Stunde *„Drogenrausch"* schläft er glücklich ein oder trollt sich in Richtung Futternapf. Drogenkonsum kann offensichtlich hungrig machen – zumindest bei Katzen ist das so.

Der Katzenminze-Rausch ist übrigens folgenlos. Ein Kater bekommt also keinen Kater. Nach seinem Rausch braucht Spikey aber doch einige Stunden, um zu regenerieren, bevor er erneut auf Katzenminze reagiert.

Wer auf die Idee kommt, Katzenminze aus Kostengründen im eigenen Garten anzupflanzen, muss mit einer Katzeninvasion nicht nur aus der näheren Nachbarschaft rechnen.

Katharina möchte Spikey übrigens gerne öfter unter Drogeneinfluss stellen. *„Er ist dann immer so putzig."* Gerade Katharina! Sonst wird sie nicht müde, bei jeder passenden oder unpassenden Gelegenheit zu betonen, dass sie als Rechtsanwältin *„Organ der Rechtspflege"* sei. Sie interpretiert das so, dass bei ehelichen Zwistigkeiten das Recht automatisch auf ihrer Seite ist. So ist ausgerechnet ein Organ der Rechtspflege ein Dealer!

Als Katzenbesitzer kann man Katzenminze aber auch zum eigenen Vorteil gezielt und unglaublich vielseitig einsetzen. Zum Beispiel kann man damit oft ein Problem lösen, dass viele Katzenbesitzer kennen: den bei allen Beteiligten so gefürchteten Besuch beim Tierarzt. Wir hatten ja bereits ausgiebig über diese Problematik gesprochen. Und natürlich wissen viele Katzen bereits im Vorfeld, was ihnen blüht, und sträuben sich oft auch unter Einsatz von Zähnen und Krallen hartnäckig, die Transportbox zu besteigen. Streut man allerdings eine Prise getrocknete Katzeminze auf den Boden der Transportkiste, marschieren viele Katzen nicht nur freiwillig, sondern mit sichtlichem Vergnügen in die sonst so verhasste Box.

Katzenminze hilft angeblich auch bei den notorischen Kratzbaumverweigerern unter den Samtpfoten, die lieber ihre Krallen am teuren Wildledersofa schärfen und den frisch angeschafften Kratzbaum links liegen lassen. Da genügen oft ein paar Spritzer flüssiger Katzenminze und schon ist der Kratzbaum deutlich attraktiver als das wertvolle Sofa. Wir können das, wie bereits erwähnt, leider nicht bestätigen.

Auf der anderen Seite macht Katzenminze auch die Couch-Potatos unter den Stubentigern munter. So weckt zum Beispiel ein Rascheltunnel, der mit frischer Katzenminze präpariert ist, auch bei, sagen wir mal, wenig bewegungsfreudigen Katzen großes Interesse. Die neu entflammte Spielfreude lässt gerade bei etwas zu gut im Futter stehenden Miezen rasch die unerwünschten Pfunde purzeln.

Ob man mithilfe von Katzenminze nicht nur einen Stubentiger, sondern auch Großkatzen, sprich einen Tiger oder einen Löwen, in einen Rauschzustand versetzen kann, ist in der Wissenschaft umstritten. Ich persönlich bin mir aber ziemlich sicher, dass dem so ist. Nicht, dass ich Katzenminze mal selbst bei einem Löwen ausprobiert hätte. Bei Youtube kann man gleich mehrfach Tiger, Leoparden und Pumas sehen, die nach einer kräftigen Dosis Katzenminze ein ähnliches Verhalten zeigen wie eine Hauskatze.

Katzenminze wirkt übrigens auch auf uns Menschen. Na gut, wenn wir Menschen an Katzenminze riechen, wälzen wir uns nicht verzückt am Boden und stoßen keine gurrenden Geräusche aus. Aber Katzenminze kann in der Tat auch auf Menschen leicht euphorisch wirken. Deshalb gibt es Menschen, die die getrocknete Katzenminze als eine Art Marihuana-Ersatz rauchen, wobei Katzenminze eine deutlich schwächere Wirkung hat als die verbotene Droge.

Auf der anderen Seite ist Katzenminze aber auch ein altes Heilmittel. Dazu werden getrocknete Katzenminzeblätter aufgekocht und als Tee konsumiert. Dieser Tee wirkt ziemlich vielseitig, hat aber vor allem folgende Eigenschaften: schweißtreibend, fiebersenkend, krampflösend und dazu noch schmerzstillend und verdauungsfördernd.

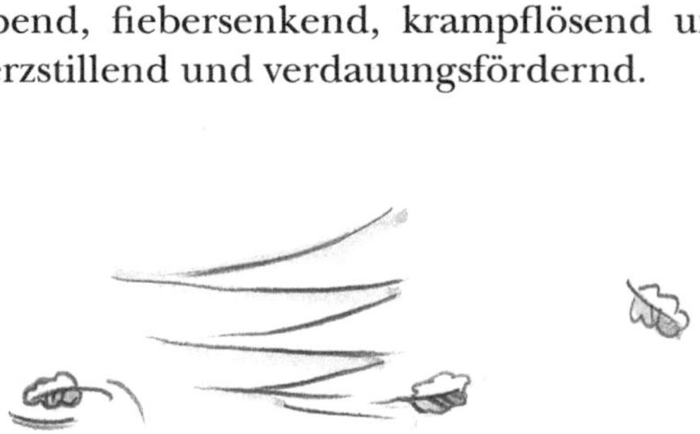

Leuchtkatzen

Eine Katze nicht nur zum Kuscheln, sondern als mobile Diskobeleuchtung. Mehrere solcher bedauernswerter Geschöpfe haben koreanische Wissenschaftler im Jahr 2007 geklont – fast möchte man sagen *„hergestellt"*. Die Klon-Miezen leuchten im Dunkeln, wenn sie mit dem aus vielen Diskotheken bekannten, sogenannten *„Schwarzlicht"* beleuchtet werden.

Das koreanische Forscherteam hatte zunächst rot fluoreszierende Proteine in das Erbgut von Katzenhautzellen eingeschleust und dann die Kerne dieser Hautzellen gegen die Zellkerne von Eizellen ausgetauscht. Die durch diese Maßnahme geschaffenen Embryonen setzten sie anschließend in die Gebärmutter der Spenderkatze ein.

Insgesamt entstanden auf diese Weise drei leuchtende Klonkatzen. Irgendwann, so die koreanischen Wissenschaftler, soll diese Technik auch für uns Menschen von Nutzen sein.

Schnurren ist die beste Therapie

»Wenn sich eine Katze wohlfühlt, kann sie
ein unbeschreibliches Geräusch in ihrer Kehle rollen lassen.
Es ist eines der schönsten Geräusche der Welt
und man nennt es Schnurren.«

Elke Heidenreich

Sie haben sich das Bein gebrochen, sie leiden unter Osteoporose, sie wollen demnächst einen Ausflug ins Weltall unternehmen? Wenn sie eine dieser drei Fragen mit einem klaren *„Ja"* beantworten können, dann sollten Sie sich dringend eine Katze anschaffen. Und zwar eine Katze, die gerne schnurrt.

Vor ein paar Jahren haben amerikanische Wissenschaftler nämlich entdeckt, dass unsere Miezen mit ihrem so gemütlichen Schnurren, vielleicht nicht gleich über magische Kräfte, aber doch zumindest über ein Instrument mit großer Heilkraft verfügen.

Die Forscher haben herausgefunden, dass die Samtpfoten durch ihr Schnurren und die dadurch ausgelösten Vibrationen die Heilung verletzter Knochen und Gelenke massiv unterstützen. Diese Erkenntnis deckt sich mit der von Tierärzten schon seit geraumer Zeit bekannten Tatsache, dass Knochenbrüche bei Katzen deutlich schneller und auch besser verheilen als beispielsweise bei Hunden. Zirkuliert doch in Veterinärmedizinerkreisen schon lange das Sprichwort: *„Wenn man eine Katze und einen Haufen gebrochener Knochen nebeneinander stellt, heilen die Knochen."*

Schnurren unterstützt also die Selbstheilungsprozesse des Körpers – und nicht nur bei der Katze selbst, sondern auch bei den dazugehörigen Menschen. Die niederfrequenten Vibrationen, die die Samtpfoten beim Schnurren erzeugen, fördern ebenso das Knochenwachstum von Menschen und können so bei Verletzungen des Skelettapparats zu einer schnelleren Heilung von Brüchen beitragen.

Selbst Astronauten könnten vom Katzengeschnurr profitieren, denn in der Schwerelosigkeit geht die Knochendichte zurück. Höchste Zeit also, dass sich die NASA ein paar Miezen zulegt.

Aber Schnurren kann noch viel mehr: Mehrere Studien haben gezeigt, das Katzenschnurren den Blutdruck senkt und das Gehirn dazu veranlasst, vermehrt das Glückshormon Serotonin auszuschütten.

Schnurren auf Rezept

Seit Kurzem gibt es sogar „*Schnurren auf Rezept*“ – ohne die dazugehörige Mieze. Ein österreichischer Arzt hat einen künstlichen Katzenschnurr-Automat entwickelt und auf den Markt gebracht. KST-2010, so der Name des Therapiegerätes, soll – folgt man den Angaben des Herstellers – die Knochenbruchheilung verkürzen, die Knochenfestigkeit steigern und auch bei Gelenks-, Muskel- und Sehnenverletzungen äußerst positive Effekte erzielen.

Allerdings weist der rund 750 Euro teure künstliche Schnurrer gegenüber dem Original einen entscheidenden Nachteil auf: Man kann einfach nicht mit ihm Schmusen! Aber dafür bringt er auch keine Mäuse und andere Präsente mit nach Hause.

Der siebte Sinn

»In den meisten Betten haben bis zu sechs Katzen Platz.
Ohne den legitimen Besitzer bis zu zehn.«

Stephen Baker

Woher weiß Pünktchen schon Tage vorher, dass wir in Urlaub fahren? Und das, obwohl wir verzweifelt versuchen, unser Vorhaben vor ihr zu verbergen? Wie schafft es Spikey, am Geräusch zu erkennen, dass es Katharina ist, die in 20 Meter Luftlinie die Haustüre aufschließt und nicht unser Nachbar Heinrich? Haben Katzen einen siebten, achten oder gar neunten Sinn oder verfügen sie über eine Art geheime Kräfte?

In der Wissenschaft ist der siebte Sinn der Tiere heftig umstritten. Einige Wissenschaftler, wie der englische Biologe Rupert Sheldrake, glauben daran, dass Tiere, vor allem Hunde und Katzen, über eine Art telepathische Fähigkeit verfügen. Eine Theorie, die von der großen Mehrzahl der Kollegen abgelehnt wird. Auch mir als gelerntem Naturwissenschaftler fällt es schwer, an so einen *„Esoterikscheiß"*, wie sich mein Doktorvater auszudrücken pflegte, zu glauben. Andere Forscher führen dagegen als Erklärung oft den sogenannten Kluger-Hans-Effekt ins Feld: Namenspate für diesen Effekt war ein ehemaliges Droschkenpferd namens Hans, das Anfang des 20. Jahrhunderts zur tierischen Sensation des deutschen Kaiserreichs wurde.

Hans konnte deutlich mehr als das gewöhnliche Durchschnittspferd. Der Entdecker und Trainer des Kutscherpferdes, der pensionierte Berliner Lehrer Wilhelm von Osten, hatte Hans nach eigenen Angaben innerhalb von lediglich zwei Jahren die Grundrechenarten beigebracht. Tatsächlich demonstrierte das Pferd diese Fähigkeit ungläubigen Zweiflern auf Wunsch jederzeit. Das Ergebnis der ihm gestellten Rechenaufgaben teilte Hans seiner geneigten Zuhörerschaft nicht mit dem Mund, sondern mit den Extremitäten mit: Der kluge Hengst klopfte mit dem rechten Vorderhuf solange auf den Boden, bis er bei der richtigen Zahl angelangt war. Aber Hans Fähigkeiten beschränkten sich keineswegs nur auf seine verblüffenden Rechenkünste. Angeblich konnte der schlaue Vierbeiner auch lesen.

Zur Demonstration dieser verblüffenden Tatsache ließ van Osten auf eine Reihe von Tafeln verschiedene Wörter schreiben. Wurde eines dieser Wörter genannt, berührte Hans unverzüglich mit seiner Nase just die Tafel, auf der das betreffende Wort stand. Und damit immer noch nicht genug: Hans war auch in der Lage, den richtigen Wochentag und die korrekte Uhrzeit zu nennen, er konnte Personen anhand von Fotografien identifizieren sowie Farben, Töne und Münzen unterscheiden. Sozusagen ein tierischer *„Multifunktions-Künstler"*.

Die logische Konsequenz dieser Darbietungen war, dass der *„Kluge Hans"*, wie das Pferd dank seiner sensationellen Fähigkeiten bald genannt wurde, nicht nur in Deutschland, sondern sogar weltweit ein gewaltiges mediales Aufsehen erregte. Hans erreichte Kultstatus und war im deutschen Kaiserreich so populär wie heute etwa ein Popstar. Klar, dass viele seriöse Wissenschaftler hinter den Fähigkeiten von Hans eine betrügerische Manipulation seitens von Ostens vermuteten. Hans beantwortete jedoch Aufgaben auch dann richtig, wenn van Osten abwesend war und ein Fremder die Fragen stellte. Um dem *„Phänomen Hans"* auf die Spur zu kommen, wurde dann, angeblich sogar auf kaiserlichen Befehl, im September 1904 eine 13-köpfige wissenschaftliche Kommission unter Leitung des Philosophieprofessors und Mitglieds der renommierten Preußischen Akademie Carl Stumpf eingesetzt.

Oscar Pfungst, ein Assistent Stumpfs, kam dem Geheimnis des *„Wunderpferds"* relativ schnell auf die Schliche: Hans hatte keineswegs überragende Geistesgaben, war aber in

der Lage, selbst feinste Nuancen in Gesichtsausdruck und Körpersprache der Fragesteller zu deuten. Die Fragesteller veränderten nämlich in den entscheidenden Situationen – wenn die Lösung der Aufgabe unmittelbar bevorstand – oft unbewusst ihre Körperspannung oder Mimik. Dadurch wusste der Hengst in über 90 Prozent der Fälle, wann er klopfen bzw. mit den Hufschlägen aufhören sollte. Ein Phänomen, das als sogenannter Kluger-Hans-Effekt seinen Platz im Vokabular der experimentellen Psychologie fand.

Als vor einigen Jahren mein Vater unerwartet verstarb, holte ich meine Mutter für einige Tage nach Karlsruhe, um sie in dieser schweren Zeit nicht alleine in ihrem großen Haus zurückzulassen. Zu diesem Zeitpunkt kannte meine Mutter Spikey nur aus Erzählungen. Aber kaum hatte sie unsere Wohnung betreten, wich Spikey ihr nicht mehr von der Seite. Er begleitete sie wie ein treuer Hund auf Schritt und Tritt – und das schloss den nächtlichen Gang auf die Toilette mit ein. Spikey ließ meine Mutter für drei Tage keine Sekunden aus den Augen. Selbstverständlich schlief er, der sonst mein Bett nur dazu benutzt, um seine schmutzigen Füße abzustreifen, im Bett meiner Mutter – zehn Zentimeter von ihr entfernt auf dem Kopfkissen.

Er überschüttete meine Mutter geradezu mit all den Zärtlichkeiten, zu denen ein Kater fähig ist. Spikey, der sonst relativ wenig Anteil am Gemütsleben seiner Dosenöffner nimmt, war offensichtlich schlagartig zu einer Art liebevoller Trauerhelfer mutiert und tat dadurch meiner Mutter unendlich gut. Was war das jetzt, siebter Sinn, eine unnachvollziehbare Katzengefühlswelt, Esoterikscheiß oder vielleicht doch einfach nur ein dummer Zufall? So schwer es mir fällt, das zuzugeben – ich tendiere zu Ersterem.

Ziemlich beste Freunde

Im Berliner Zoo gab es zehn Jahre lang eine Freundschaft der besonderen Art zu bestaunen: Die innige Freundschaft zwischen der Katze Muschi (4 Kilogramm) und der Kragenbärin Mäuschen (600 Kilogramm). Die schwarze Hauskatze war im Jahr 2000 einfach in die Bärenanlage des Berliner Zoos marschiert. Zwischen Bärin und Katze war es sofort Liebe auf den ersten Blick. Es entwickelte sich eine innige Freundschaft. Muschi und Mäuschen waren fortan unzertrennlich. Auch die anderen Kragenbären im Gehege stören sich nicht an diesem außergewöhnlichen Verhältnis. Muschi und Mäuschen mutierten zum Besuchermagneten des Berliner Zoos. Die Bilder des ungleichen Duos gingen um die Welt. Als die beiden einmal aus Altersgründen – Mäuschen war damals schon im hohen Bärenalter von 37 Jahren – getrennt wurden, miaute die Katze mehrere Tage derart erbärmlich, dass die Zoodirektion ihr wieder Zugang zur Bärin verschaffte. Muschi durfte auch weiterhin zwischen den Tatzen der Bärin ihr Nachmittag-Nickerchen machen. Aber auch die schönste Freundschaft geht einmal zu Ende: 2010 musste Mäuschen, die unter massiven Bewegungsstörungen litt, eingeschläfert werden und ließ eine tieftraurige Katze zurück.

Katzengöttinnen

*»Katzen lieben Menschen viel mehr, als sie zugeben wollen,
aber sie besitzen so viel Weisheit, dass sie es für sich behalten.«*
Mary E. Wilkins Freeman

Eine Katze als Gottheit? Na gut, vielleicht nicht offiziell und auch nicht mit feierlicher Zeremonie und Ernennungsurkunde, aber inoffiziell hat Pünktchen diesen Status schon längst erreicht – auch wenn das von ihren Dosenöffnern nur zähneknirschend eingestanden wird. Pünktchen ist damit keineswegs allein.

Eine Katze als Gottheit – das war bereits im alten Ägypten Realität: Bastet, die Gemahlin des Sonnengottes Re und Mutter des Löwengottes Mahes, wurde zunächst noch mit einem Löwenkopf, später jedoch als sitzende Katze dargestellt. Bastet wurde als Göttin der Fruchtbarkeit und Zeugungskraft verehrt, was auf die Fruchtbarkeit der Katze zurückzuführen ist. Sie wurde aber auch als Göttin der Stärke und des Guten verehrt. Außerdem galt sie als Göttin der Freude, des Tanzes, der Musik und der Feste.

Generell wurden Katzen, die Tiere der Bastet, überall im Reich der Pharaonen verehrt und galten als heilige Tiere. Das hatte einen guten Grund: Im Nildelta wurde reichlich Ackerbau betrieben und die prall gefüllten Getreidespeicher zogen viele Mäuse an. Diese konnten durch ihren guten Appetit auch schon einmal eine Hungersnot auslösen. Also setzten die alten Ägypter gezielt auf Katzen als tierische Schädlingsbekämpfer. Tatsächlich reduzierten die Katzen die Anzahl der Nager drastisch.

Der altägyptische Katzenkult nahm dabei beachtliche Ausmaße an. So berichtet der *„Vater der Geschichtsschreibung“*, Herodot, in seinen Historien: *„Wenn in einem Hause eine*

Katze stirbt, scheren sich alle Hausbewohner die Augenbrauen ab. Die toten Katzen werden in die Stadt Bubastis gebracht, einbalsamiert und in heiligen Grabkammern beigesetzt." Den mumifizierten Miezen wurden als Grabbeigabe ebenfalls mumifizierte Mäuse sowie eine Menge an Spielzeug beigegeben. Schließlich sollte es den heiligen Tieren im Jenseits nicht langweilig werden.

Stand ein Haus in Flammen, wurde zuerst die Hauskatze gerettet – dann erst die Kinder. Wer eine Katze tötete, egal ob absichtlich oder aus Versehen, musste mit der Todesstrafe rechnen. Aber der Katzenkult hatte durchaus auch seine brutalen Seiten, das Katzentötungsverbot galt explizit nicht für Tempel und Kultstätten.

Im Gegenteil: Um Bastet zu huldigen, konnten Gläubige im Tempel gegen eine großzügige Spende Katzen erwerben, die dann von Priestern getötet und mumifiziert wurden. Anschließend wurde das „*Katzenopfer*" in speziellen Grabstätten beigesetzt. Aber offensichtlich gab es unter den Priestern auch einige geschäftstüchtige Betrüger. Röntgenaufnahmen von Katzenmumien zeigten, dass sich in rund einem Viertel der Mumien keine bzw. nur ein paar vereinzelte Katzenknochen befanden.

Tausende Menschen bei der Beerdigung einer Katze? Was in Deutschland nur schwer denkbar ist, fand am 28. Juni 2015 in Japan statt: Über 3000 Trauergäste erwiesen Tama, der berühmtesten Katze Japans, die letzte Ehre und legten am Grab nicht nur Blumen, sondern Thunfisch in Dosen und andere katzenspezifische Gaben nieder. Eine wohlverdiente Würdigung, schließlich hatte die dreifarbige Katze durch ihre jahrelange PR-Tätigkeit eine Bahngesellschaft vor dem sicheren Ruin bewahrt.

Begonnen hatte alles im Jahr 2007 als Tama, nach dem Ausscheiden des letzten menschlichen Stationsvorstehers, zur Stationsvorsteherin der Kishi-Bahnstation, der Endhaltestelle der rund 14 Kilometer langen Kishigawa-Bahn-

Linie, ernannt wurde. Die vierbeinige Stationsvorsteherin, die die Reisenden – übrigens stets mit Dienstmütze – nicht nur auf dem Bahnsteig begrüßte, sondern sich auch gerne mit ihnen fotografieren ließ, mutierte sofort zur Touristenattraktion. Tausende Fahrgäste nutzten die Strecke über Kishigawa, nur um die berühmte Mieze zu treffen.

Zu diesem Zeitpunkt war die Betreiberin der Bahnlinie, die Wakayama Electric-Railway-Gesellschaft, durch stetig sinkende Passagierzahlen finanziell stark angeschlagen. Ein drohender Bankrott wurde jedoch durch Tama und nur durch Tama verhindert. Laut einer Studie aus dem Jahr 2008 hat die Promimieze allein 2007 durch steigende Fahrgastzahlen, Merchandisingartikel und einige Medienauftritte rund acht Millionen Euro in die klammen Kassen der Bahngesellschaft gespült.

Klar, dass solche Verdienste nicht unbelohnt bleiben durften. So wurde Tama bereits ein Jahr später zur *„Oberstationsvorsteherin"* befördert. Eine Beförderung, die für Tama durchaus mit mehr Komfort einherging. Die Oberstationsvorsteherin erhielt im Bahnhof ein eigenes Büro, das – ein bisschen Luxus muss sein – mit einer Katzentoilette und mehreren Kratzbäumen ausgestattet war. Kurz danach wurde Tama sogar in den Adelsstand erhoben: Der Gouverneur der ortsansässigen Präfektur ernannte die Oberstationsvorsteherin zum *„Ritter von Wakayama"*.

Aber auch adlige Katzen sind vor dem Tod nicht gefeit. Am 22. Juni 2015 verstarb Tama im Alter von 16 Jahren an einer Nebenhöhleninfektion. Die höchste Ehre wiederfuhr Tama dann allerdings bei ihrer, nach schintoistischem Ritus stattfindenden Beisetzung. Sie wurde zur Gottheit erklärt. Inzwischen haben übrigens zahlreiche andere japanische Bahngesellschaften in Sachen vierbeinige Bahnhofsvorsteher nachgezogen. So übernehmen mittlerweile nicht nur Katzen, sondern auch Hunde und Kaninchen an diversen anderen Bahnhöfen im Land diese repräsentative Aufgabe.

In Sachen „*Gott sein*“ treten zwischen Hunden und Katzen klare Unterschiede zutage. Ein Hund denkt: „*Sie lieben mich, sie füttern mich, sie kümmern sich um mich – sie müssen Götter sein!*“ Eine Katze dagegen denkt: „*Sie lieben mich, sie füttern mich, sie kümmern sich um mich – ich muss ein Gott sein!*“

Bei uns ist das nicht unähnlich. Pünktchen hält sich ganz klar für eine Göttin – mit allen dazugehörenden Rechten. An Pflichten, seien es auch göttliche, ist Pünktchen dagegen nicht übermäßig interessiert. Das ist eher etwas für das Personal. Und Spikey? Spikey ist ein Gott! Aber, Gott sei Dank, weiß er es nicht.

Die manipulierte Beute

Manchmal machen es Mäuse Katzen geradezu kinderleicht, wenn es darum geht, sie zu erbeuten. Das gilt immer dann, wenn die Mäuse von einem sogenannten Neuroparasiten, genauer gesagt, einem parasitären Einzeller namens Toxoplama gondii, befallen sind.

Toxoplasma gondii lebt mit unterschiedlichen Entwicklungsstadien in unterschiedlichen Wirtstieren, Zwischenwirte bei diesem Entwicklungszyklus sind vor allem Mäuse, aber ab und zu auch andere Säugetiere und sogar Menschen. Fortpflanzen kann sich das einzellige Sporentierchen jedoch nur in seinem Endwirt, einer Katze.

Ein vollständiger Entwicklungszyklus schließt sich im Regelfall also nur, wenn eine Maus von einer Katze gefressen wird. Da aber Mäuse normalerweise Katzen fürchten wie der Teufel das Weihwasser, hat der kleine Parasit eine raffinierte Strategie entwickelt, um zu gewährleisten, dass die Mäuse ihre angeborene Scheu vor Katzen verlieren und so eine leichte Beute der Samtpfoten werden: Der Einzeller wandert ins

Gehirn der Mäuse, befällt dort das Zentrum, das das Angstverhalten steuert, greift mit einer Präzision, von der Hirnchirurgen nur träumen können, in bestimmte Hirnfunktionen ein und erreicht damit, dass die Nager nun eine lebensgefährliche Sympathie für Katzen entwickeln. Haben die Nager früher beim Geruch von Katzenurin schleunigst das Weite gesucht, werden sie dank der Hirnmanipulation auf einmal geradezu magisch von Katzenausscheidungen angezogen.

Kurz gesagt, der Neuroparasit hat die arme Maus in einen ferngesteuerten Zombie verwandelt. Dann muss selbst die trägste Katze nur noch herzhaft zubeißen.